REVERSE
THINKING
逆向思维

丁利华◎著

图书在版编目(CIP)数据

逆向思维 / 丁利华著. -- 北京：当代中国出版社，2022.1
ISBN 978-7-5154-1151-4

Ⅰ. ①逆… Ⅱ. ①丁… Ⅲ. ①思维方法—通俗读物 Ⅳ. ① B804-49

中国版本图书馆 CIP 数据核字（2021）第 215779 号

出 版 人	冀祥德
责任编辑	陈　莎　周显亮
策划支持	华夏智库·张　杰
责任校对	康　莹
出版统筹	周海霞
封面设计	回归线视觉传达
出版发行	当代中国出版社
地　　址	北京市地安门西大街旌勇里 8 号
网　　址	http://www.ddzg.net　邮箱：ddzgcbs@sina.com
邮政编码	100009
编 辑 部	（010）66572264　66572154　66572132　66572180
市 场 部	（010）66572281　66572161　66572157　83221785
印　　刷	三河市长城印刷有限公司
开　　本	710 毫米 × 1000 毫米　1/16
印　　张	14 印张　200 千字
版　　次	2022 年 1 月第 1 版
印　　次	2022 年 1 月第 1 次印刷
定　　价	58.00 元

版权所有,翻版必究;如有印装质量问题,请拨打（010）66572159 联系出版部调换。

序

就像世界上没有完全相同的两片树叶，同样，世界上也找不出两个完全相同的人。人与人之间各有差别，这种差别最关键的就体现在思维模式上。甚至有人戏称，上至总统，下至"饭桶"，唯一不同的，就是脖子以上的部分。不同的思维模式，会让一个人产生不同的语言、行为、习惯，会使其呈现出不同的生活状态，并最终决定其人生的高度。

而在所有思维模式中，逆向思维是一种非常另类的思维，它背离常规的思维方法，从反面或是对立面来思考问题，其运用的思路、模式、途径完全颠覆人们的固有认知，从而能够创造性地解决问题，或者给出合理化的建议。

尤其是在学习、科研、创新，以及侦破案件、处理突发事件等方面，当运用正向思维无法突破时，借助逆向思维往往能找到解决问题的捷径。所以，相比其他思维，逆向思维更能表现一个人的思维能力水平，也更能体现一个人的智慧。古今中外，运用逆向思维解决问题的例子数不胜数。例如，曹冲称象的传说，讲的是曹冲运用逆向思维，先化整为零，再零存整取，巧妙地计算出了大象的体重。再如，孙膑通过施展添兵减灶之计，制造撤兵的假象，从而迷惑庞涓；与之相反，诸葛亮用减兵增灶的办法，摆出决一死战的架势，摆脱了司马懿的追击，顺利撤退。

常言道："法有定论，兵无常形。"在瞬息万变的战场上，如果能灵

 逆向思维

活、恰当地运用逆向思维,把握战斗的主动权,那么就有可能以弱胜强。在生活和工作中也是如此,无论发生什么事,我们都要学会根据事物的规律来分析问题,有时也要学会反过来看问题,根据问题的发展过程来推测问题发生的原因,并找出解决的办法。

所以,一个有智慧的人必须懂得运用逆向思维。比如如果多数人以自我为出发点考虑问题,那么我们就尝试以他人为出发点来考虑问题;如果多数人以现在为出发点考虑问题,那么我们可以尝试以未来为出发点考虑问题;如果多数人在某问题上持肯定意见,那么我们可以考虑持否定意见。总之,就是凡事学会反其道而行之。

当然,逆向思维是相对的,不是绝对的。当一种思维模式被大多数人掌握或运用,甚至成为一种公认的逆向思维模式时,那么它其实已经是大众化的思维了。

知名日本实业家稻盛和夫曾提出一个公式:人生结果=思维方式×热情×能力。他说:"如果你选择好的思维方式,乘积结果就会变大,表示人生成功美满。"在生活、学习、工作中,正确运用逆向思维可以让我们在人生进阶之路上变得更有力量和智慧,能得到更多的收获,特别是在遇到困难或挫折时,它能为你指出一条逆转之路。

目 录

第一章
什么是逆向思维

生活不会亏待拥有逆向思维的人 / 2

最短的路，走起来未必最快 / 4

拒绝瞎忙，跳出思维的"舒适区" / 9

以果导因，倒推事情的发展逻辑 / 12

反向推理，寻找解决问题的捷径 / 15

逆向剖析，看到假象背后的真相 / 19

第二章
逆向思维如何修炼

焦虑的根源可能在于反刍思维 / 26

不自信？一定是思维出了问题 / 30

突破思维局限，理性消除负面情绪 / 33

打破思维魔咒，提升幸福指数 / 37

在自我反省中实现思维进阶 / 41

思维受限，越努力越迷茫 / 44

逆向思维

第三章
如何用逆向思维提高沟通效果
逆逻辑表达：别被问题堵住嘴巴 / 52
拒绝尬聊，逆转思维找话题 / 56
说话太直？分明是脑子不拐弯 / 59
笑纳吐槽，坏事也能变好事 / 63
反向提出观点，提升可信度 / 68
调不在高，拉低是为了抬升 / 72

第四章
"以终为始"，把握做事的主动权
不要拿起锤子就想到钉子 / 78
逆转思维，使问题简单化 / 81
反套路，就是最好的套路 / 85
做事要真，但也不要忘了"虚" / 88
转换思路，化被动为主动 / 92
避免落入逆火效应的陷阱 / 96

第五章
"逆转处世"，方能实现社交自由
和优秀的人相处，思维也要跟上 / 102
正看他人不顺眼，就反过来看自己 / 105
不怨天尤人，懂得逆向操作 / 107
别怕被"利用"，就怕你没用 / 110
害怕谈钱？说明你不自信 / 113

弱者未必"有理",强者未必"应该" / 117

第六章
"升维思考",逆转人生困局
淘汰你的不是对手,是旧思维 / 122
以退为进,合理运用弹性思维 / 126
危即是机,不画地为牢 / 129
运用破局思维跳出人生的"怪圈" / 132
摆脱囚徒思维,在更高层面解决问题 / 135
跳出思维的坑,别被习惯拴死 / 140

第七章
"思维转弯",拒绝低效率的勤奋
在"变"与"不变"中驾驭自己 / 148
"穷忙"真相:低效率的勤奋 / 150
反转思维,劣势也是优势 / 153
反弹琵琶,用逆向思维创新 / 156
高能低薪?都是思维惹的祸 / 158
高效能人士的6种逆向思维 / 162

第八章
"逆向管理",快速化解经营难题
员工差?说到底还是管理不行 / 168
最有效的管理,就是削减管理 / 171
会"怼"的员工,才算好员工 / 174

工作处于被动时，要学会突破传统思维 / 178

向上管理：主动打开工作局面 / 181

善用逆向思维激励团队 / 185

第九章
"财富自由"，不分市场只分头脑

学会赚逆向思维的钱 / 190

在他人的认知盲区赚钱 / 193

逆转思维，把缺点当卖点 / 195

做生意就是要让顾客"占便宜" / 199

冷门生意往往也是暴利生成之处 / 203

人与人的差别不在财富，而在思维 / 206

参考文献

第一章
什么是逆向思维

优秀者和平庸者的区别之一在于是否善于思考。相比较而言,优秀的人更善于思考,特别是善于逆向思考,因其具有更深的洞察力,故而能够站在更佳的角度去思考问题,从而更可能实现"突围"。人的思维一旦进入死胡同而不懂得反转,那就真的只有死路一条了。

 逆向思维

生活不会亏待拥有逆向思维的人

在信息技术高度发达的当今社会,我们学习的渠道、获得的信息、懂得的道理越来越多,可是,为什么仍有很多人走不出自己的小天地,生活在迷茫与困顿中呢?

因为思维方式不同!

许多时候,不是他们不够努力,而是习惯于使用正向思维——在问题面前经常循规蹈矩地得出理所当然、司空见惯的答案。因为受这种思维习惯的限制,所以也就很难把一些事情看得通透。

那么,什么是正向思维呢?

正向思维即根据事物发展的进程进行思考,是一种由已知推测未知,并揭示事物本质的线性思维方式。其逻辑是:因为甲,所以乙。

生活中,优秀的人不但善于正向思维,往往也善于逆向思维。逆向思维是相对于正向思维而言的,也叫求异思维。简单来说,即"反其道而思之",就是打破习惯思维方式的束缚,从已有定论的事物、现象、观点出发,倒过来进行推理、思考的一种特殊的思维方式。

在社会生活、生产的各个领域,逆向思维都有广泛应用。而且很多时候,善于逆向思维的人看问题会更全面更透彻,更善于掌控自己的人生。

举个简单的例子。

在一节物理课上，老师问学生："汽车为什么必须要有刹车装置？"

学生的回答五花八门：

"为了不让汽车超速。"

"为了把速度降下来。"

"一定是为了避免发生碰撞。"

……

老师说："你们的回答都没错，但最好的答案是：为了让你开得更快！"

学生们不解，开始交头接耳。

老师解释说："你们认真想一想，假设你开的车没有刹车系统，那么你能开多快？正是因为可以刹车，所以我们才敢加速，敢快速行驶，才能快速到达我们向往的目的地。"

上面这个例子中，学生在回答老师的问题时运用了正向思维。老师则是从另一个思维角度给出了"一反常规"的答案，既开阔了学生的思路，又能引起学生的学习兴趣。

其实，在我们的成长之路上，也需要经常作这样的逆向思考——当我们一路向前奔跑，在追求事业、成功的时候，不可避免地会遇到来自家人、亲戚、朋友的质疑：

"好好的主任医师你不干，就那么喜欢'跨界'吗？"

"你这样折腾下去，哪有时间享受生活？"

"你追求的东西实在是'高大上'，我们看不懂。"

…………

逆向思维

有时，这种质疑甚至是带有刺激性的。按正常的思维，我们可以选择无视，也可以选择礼貌性地"敷衍"，但是换一个角度看，这有些像汽车的刹车装置——人生需要这种"刹车"，它不是为了让我们停止前进，而是为了让我们走得更快、更平稳。所以，我们要感激这种"刹车"，并学会明智地使用它们。

现实生活中，很多被所谓的"幸运"眷顾的人除了有过硬的专业技能之外，最显著的一个优势就是善于逆向思维。特别是在今天，网络资讯非常发达，我们每天都要面对可能刷爆眼球的新闻热点，各种观点更是满天飞，你如何从中看到事实与真相，更好地把握自己呢？这时可以选择逆向思维。如果不善于逆向思维，思路总是被人牵引，那么，不论生活、学习，或者投资，都很难掌握主动权，甚至会被现实一次次无情地打脸。

当然，逆向思维不是抬杠思维，不是你说东，我偏说西，就是要和你对着干，那就有可能颠倒黑白，颠倒是非。逆向思维除了可以拓展你思考的深度与广度，还能增加思考的维度，从而让你穿透繁杂信息的迷雾，看清现象背后的本质。所以说，逆向思维不只是一种思维方式，更是一种产生人生智慧的工具。

最短的路，走起来未必最快

生活中，有一种人很常见，他们喜欢与人和事"死磕"，有时还与自己"死磕"，不撞南墙不回头，撞疼了也不回头，这种人的思维似乎不会

"拐弯儿"，做事情、想问题习惯直来直去。其实，人生该走的弯路，一毫米都少不了。弯，是为了更快地接近目标。

从小时候起，数学老师就教会我们："两点之间的距离最短的是直线。"这在数学上是一个公理，无可辩驳。所以，很多人也会遵循这样的数学逻辑去思考问题，认为从 A 到 B，走直线用时最短，其实不然。因为最短的路未必是最快的路。有实验证明：两点之间最快的竟然不是直线，而是一条曲线，这条曲线叫"最速曲线"，如图 1-1 所示。

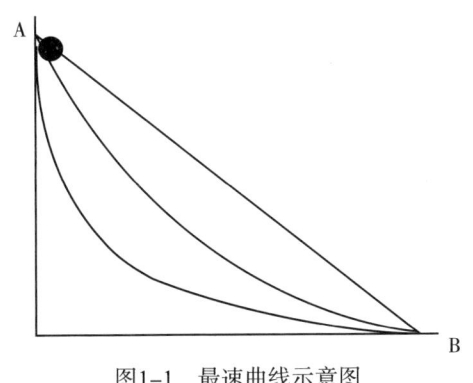

图1-1 最速曲线示意图

图 1-1 中，小球从 A 到 B 有无数条路径可走（图中只给出三条），其中最粗的是最速曲线，即从 A 到 B 的所有路径中，走这条线用时最短。

如果把 A 到 B 之间的直线看作直线思维，那么这条"最速曲线"更像是逆向思维。遇到问题时，多做一些逆向思考可以让我们的思维、观念避免被一些看似合理、合规的，或是约定俗成的东西固化，进而无休止地与人"死磕"。

聪明的人，不一定会走最短的路，但一定会走最快的路，并在前进的过程中逐步建立起自己的优势。要做到这一点，离不开逆向思维。

1. 拥有好人缘离不开逆向思维

遇到问题时,我们通常会采用两种方法解决:一是用直线的方法,二是用迂回的方法。大多数人会首选直线的方法。许多时候,这种方法难以达到预期的效果,这时,采用迂回的U形思维去观察思考更为妥当,如图1-2所示。

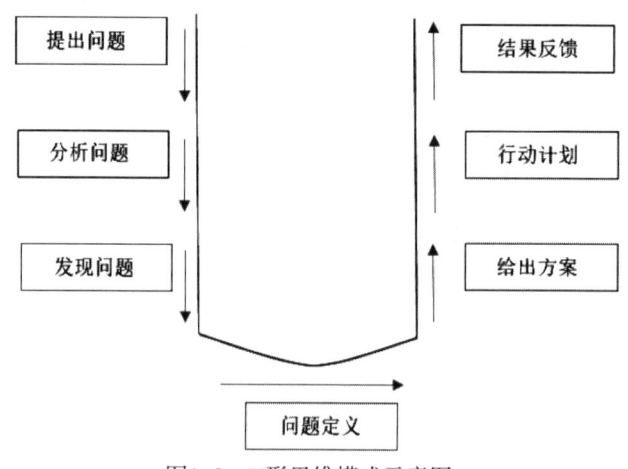

图1-2　U形思维模式示意图

举个简单的例子:一个同事脸色越来越不好看,大家都觉得他有重疾在身。有人说:"你要多注意休息,工作不要太累。"有人说:"让领导为你调个岗位吧,这工作年轻人都吃不消。"这位同事会对大家的善意和理解表示感谢。而你上来就说:"你的脸色太难看了,快去医院检查一下,我二大娘去年也是脸色很难看,去医院一看,结果是肝癌晚期……"

也许你是出于好意,提示对方去做个体检,但是这话说出来,还奢望别人回你个笑脸就有些过分了。其实,只要聪明的人,就会做这样的逆向推理:他脸色不好看,可能身体有些不适,别人委婉地提醒他注意休息,他欣然接受却不主动说出自己的身体状况,一定是有难言之隐。如此,说话时便要注意措辞。

2.赚快钱离不开逆向思维

生活中，人们总是对"一夜暴富"津津乐道。例如，听说做某门生意赚钱，大家一哄而上，要争着赚快钱，结果钱没赚着，还搞得一地鸡毛。赔钱也就赔钱了，结果还赔得很不服气，各种理由一大堆，比如：风口过去了，市场同质化太严重了，对手价格战打得太狠……唯独不说自己脑子缺根弦。

5年前，A先生开了一家汽车美容店，生意一直做得不温不火。一年前，他看到猪肉价格一直在上涨，没有下跌的迹象，又见不少养猪场赚得盆满钵满，就有些坐不住了，整天想着要不要把店卖了去养猪。后来，A先生被一个朋友说得心动了，便卖了店，怀揣100万元，又借了50万元，在某地租了块地，建了个简易的养猪场，养了300头小猪。由于欠缺养殖经验，猪在出栏前就死了30多头，加之猪肉价格下跌，这次净赔了80多万元。事后，他陷入了两难的境地：是继续养猪，还是回去开汽车美容店？

任何一个行业，赚快钱都是需要逆向思维的。那些一味跟风，或是被人忽悠着进场的人，结局都不会太完满。特别是当一门生意火得一塌糊涂，甚至躺着都可以赚钱的时候，其实潜藏的风险也是巨大的。上面的案例中，如果A先生稍作这样的逆向思考，是完全可以避免损失的。

面对机会的时候要想到风险，面临风险的时候要能看到机会，这在生意场上是一种逆向思维。只有拥有这种思维，才有可能行稳致远，否则，头脑一热就控制不住自己，很容易误入歧途。

3. 我们的人生离不开逆向思维

现实中,倒着来不一定是坏事,做少数派也没有什么不好,凡事都能倒过来想的人,人生之路反而可能更顺畅。因为在他们眼中,人生路上并没有真正意义上的障碍,有的只是不同的思维、不同的路径。

例如,人们普遍认为,上了年纪的人学习能力会变差。其实不然,上了年纪的人在工作经验、生活阅历等方面更丰富,这些有助于提升他们的理解能力,从而在学习与自身专业相关的知识时,这些人掌握的速度会更快。这就是一种逆向思维。

再如,在人生的低谷时,大多数人会悲观失望,认为"这辈子就这样了"。而逆向思维的人则会认为"再低还能低到哪里去,从现在起,自己要往高处走了"。

可见,不一样的思维会有不一样的人生观、价值观。所以,那些善于运用逆向思维的人活得更乐观,事业更容易成功。

现实世界中,几乎所有人都喜欢跟着自己的惯用思维行动,做事情希望一蹴而就。结果呢,总是会走意想不到的弯路,遇到意想不到的问题,因为他们缺少逆向思考的能力,所以会遇到更多的"意外"。只有善于作逆向思考,不一味地跟着感觉走、跟着他人走,才更容易找到正确的路——那些看似最省力、最正确的路未必最适合你,走起来也未必是最快的。

拒绝瞎忙，跳出思维的"舒适区"

或许我们很勤奋，很努力，但必须得面对一个不可否认的事实，即我们的大脑天生是懒惰的。它不喜欢思考，也懒得思考。大脑之所以这么做，是为了节约能量。从科学的角度看，这是大脑的一种正常防卫机制。

正因如此，我们会本能地让自己处于思维的"舒适区"，而不愿去作深度的或逆向的思考，这也可以解释我们的许多日常行为：

喜欢沉溺于舒适的生活环境中；

向往轻松、安稳而且舒适的工作；

不愿意探究、解决新问题，习惯套用现成的方案；

……

如果一个人长久地处于思维的"舒适区"，不愿意改变自己的思维方式，那么，他就不能突破自己。比如，我们长时间地做一些简单、重复性的工作，而不去想怎么做得更好，怎么去创新，结果就是不但工作无趣，还可能面临越来越大的压力。道理很简单，因为你只是为了完成公司的绩效指标，不求突破自己，不愿去逼自己变得更优秀，每天让自己处于思维的"舒适区"就可以了。但是，在快节奏的今天，这种生活方式终究不会持续太久。

侯先生大学毕业后，通过层层筛选进入一家知名企业。他说：

 逆向思维

"能进入这样一家企业,我也别无所求了。十几年的寒窗苦读,不就是为了余生能过上幸福、安稳的好日子嘛。"

但是,在这家企业只干了三个月,他就辞职了。在不到一年的时间里,侯先生先后换了四份工作。他尝试过线上运营、文案策划,也做过销售经理、直播带货。每次辞职,侯先生给出的理由都是:"这工作真不是人干的,压力山大啊。"

有人问他:"你向往什么样的工作呢?"

"朝九晚五,管理人性化,老板很好,最好提供免费早点,平时没事就喝喝茶,聊聊天的那种……"

"你觉得这样的公司存在吗?"

"当然存在啦,M科技公司好像就是这样。"

现实中,并不是每一家公司都是M科技公司,再说了,M公司的员工难道都是冲着公司的免费早点这些原因选择加入其中的吗?要知道,优秀不仅是一种行为,更是一种习惯,再确切地说,是一种思维习惯。许多时候,我们"想当然"的思维造就了平庸,使我们无法进步,从而制约了我们个人的发展。

当我们人生过得太顺当,一定要停下来做逆向思考:太过舒适的生活真的好吗?不论做什么,一定要学会辩证地看问题,要花时间去研究其中的规律,要看到别人看不到的东西,从而总结出自己的方法论,这也是使用逆向思维的价值所在。

周先生是一位职场新人,但是头脑灵活,手脚麻利。他入职一年,只做了一件事:线下会展活动的组织。

有人问他:"你为什么不尝试一下其他类型的工作呢?比如文案、

策划之类的啊。"

他回答说:"我不擅长做那样的工作,觉得做线下工作更得心应手。"

"如果你不勇敢地跳出自己的舒服区,怎么能实现成长呢?"

"你说得没错,我正是为了跳出舒适区,才选择现在的工作。如果我一直待在舒适区,我都不知道自己还能高兴多久。"

之前,周先生在公司做文秘,工作轻松,毫无压力。看到别的年轻人升职加薪,自己职业的发展几乎停滞,为了长远打算,他申请了现在的职位。由于他做事爱动脑子,线下活动做得有声有色,一年来的进步非常大。

平时,利用上下班乘车的时间,周先生会阅读大量有关展览、美学方面的书籍,研究学习国内外一些最新的行业案例。周先生通过自己的努力,一步步跨越自己的舒适区,而不是盲目"跳跃"。

生活中,有很多人会时刻地逼自己:一定要忙起来。并告诉自己,"现在的不爽,是为了马上到来的爽",却忘了思考这样一个问题:是为跳出"舒适区"而跳出"舒适区",还是为了找到一条适合自我成长的路径而跳出去?

如果以"我一直都很忙"而沾沾自喜,而不能从根本上优化自己的方法和路径,提升自己的能力,那么,这种"忙"就是低效率的勤奋。要推开人生的"霍布森之门"(霍布森是英国剑桥的一位商人,根据有关他的一个典故,管理学家西蒙提出"霍布森选择效应"概念,该效应意指一种无选择余地的所谓"选择"),走向更宽广的天地,必须要学会跳出思维的"舒适区"。否则,我们明明在沼泽中,却可能以为是在天堂。

 逆向思维

以果导因，倒推事情的发展逻辑

现实生活中，人们都习惯于遵循事物发展的正方向去思考、分析问题。例如，一家公司会根据现有的技术、资金、人力，以及市场情况等设定下一年度的预期目标。这是典型的以因导果，它并不违背事情发展的逻辑。

与此同时，有些公司会先设定一个要达成的结果，然后从这个结果往回推，一步步细化到资源链接、时间分配、战略战术、资金与人力的使用等。最简单的例子，就是公司为部门或是个人下达年度、月度任务。为了实现公司设定的结果，部门或个人必须对其进行层层分解，然后制订行动计划、措施，并最终落实在每一天的工作中。

这种逆向思维的核心不是着力去研究当前的条件可以达到什么结果，而是重点研究要达到某个结果需要绘制怎样的路径图，需要什么样的条件，需要采取哪些措施。如果条件具备，就开始采取相应的措施；如果条件不具备，就要创造条件，研究新的替代方案。具体来说，就是要研究现有条件下的瓶颈和制约因素是什么，缺少什么，如何来弥补。在具体的执行中，把解决遇到的每一个困难和问题都视为具体的目标。当把难题一个一个地解决后，整个大目标也就实现了。

小米科技创立之初，采用的"饥饿营销"就是一种典型的逆推思维的营销法则。

起初，小米科技如果走线下渠道，那么，产品的运营成本肯定要高一些，因为渠道商要分享一部分利润。如此一来，产品价格也就上去了，那还谈什么性价比？为了提升手机的性价比与市场竞争力，董事长雷军决定利用互联网开拓市场。

如果在线上复制京东、天猫的模式，需要持续大量注入资本，这对当时的小米科技来说实属为难。这就逼着雷军与其团队改变运营思维，反其道而行，去靠口碑吸引用户。怎么吸引？饥饿营销！让用户觉得永远都缺货！

可以说，这种营销方式不是雷军有意为之，而是倒逼出来的。它的妙处在于，一是帮助小米巩固打造了品牌，提升了产品的美誉度；二是减少了企业的库存；三是降低了手机的价格。

在流量为王的当代互联网社会，谁能获得精准流量，谁就能赚到钱。在这方面，小米科技无疑是比较成功的。公司赚到了钱，这是结果，其获得众多粉丝与流量是"因"。当然，有些情况下，因果是可以相互转换的，关键是站在哪一个角度看问题。

有一家公司要招聘一位实习生。一个年轻人来面试。他和人事主管谈得不错，最后问了一句："工资是多少？"人事主管说："3000元左右。"年轻人说："哦，这么低的薪水也只能招实习生了。"

人事主管想了想，觉得他的话有问题，于是说："不是公司故意给这么低的薪水，是公司先有对实习生的需求，再根据岗位定薪。"

年轻人说："你们就是为了节省成本才招实习生嘛。"

 逆向思维

在这个案例中,人事主管认为年轻人颠倒了因果关系,是先招人后定薪。而年轻人认为,是因为用实习生便宜,所以,才以"实习生"的名义招人。由此也可以看出,站的角度不同,看到的因与果也就不同。

以因导果是一种正向思维,以果导因是一种逆向思维。不论对个人还是公司来说,在面对用某种常规思路无法解决的问题时,一定要学会从预期的结果进行反向推导,从而寻求解决问题的突破点。

为此,我们可以尝试做如下几个方面的练习:

1. 分析产生一个结果的可能原因

每一件事情,其最终的结果都可能是由多种原因造成的。你可以将这些原因罗列出来,然后分析每种原因起作用的概率,并进行求证。如果原因比较简单,可以马上得出答案。如果原因较复杂,可以对每一种可能性进行查实,并得出答案。例如在做网络维护、设备修理等工作时,经常会用到这种方法。

2. 从已知事物的对立面进行思考

遇到问题时,可以先找问题的"正"与"反"两个对立面,然后寻找突破点。比如,大与小、高与低、热与冷、长与短、白与黑、是与非、古与今、粗与细、多与少,等等;而且要学会站在正、反两个角度考虑问题,从而形成逆向思维。

3. 找不到办法,尝试改变问题

许多事物是互为因果的,从一个方面可以探究出另一与其对立的方面。如果一件事很棘手,一时找不到解决办法,很多人的做法是选择放弃。这当然不是最佳的选择,正确的做法是:改变问题,即把它改变为我们能够驾驭、善于解决的。

当然，合理运用逆向思维，不但可以开拓一个人的视野，提升其眼界，还可以让其从更高的维度看待问题，解决问题。一个人是否能够正确地以果导因，高效地梳理事物的发展逻辑，不仅与其格局、眼界有关，更与其经历的多寡，见识的宽窄有关，如此，其洞察力会相对越强。

反向推理，寻找解决问题的捷径

日常的生活、工作中，要解决某一问题时，99%的人通常的做法是：第一时间从大脑的"智库"中调用既有的方案，如果是新问题，没有现成的方案可供选择，就会感到不适。即使有方案，也是建立在经验基础之上的"老方子"，鲜有创意，如此一来，也很难说是捷径。

而有些问题恰恰不是依靠既往经验所能解决的，这时需要一种创造性思维，怎么办？老办法肯定行不通，只能转变思路，进行逆向推理，以此来寻找解决问题的捷径。在科学研究中，这一点非常重要，即使是为人处世方面，这种思维方式也是非常有用的。

比如，两年前，有朋友向你借了1万块钱，迟迟没有要还的意思。你碍于情面，不好意思开口，该怎么办？面对这种情况，常见的做法是：拉下脸来，要对方还钱，结果朋友做不成了，还落了埋怨。比如："老周，你借我那1万块钱啥时还呀？"对方一听这话，可能就有些不乐意了："不就借你那点儿钱吗，又不是不还你，真是不够朋友！"

其实，可以这样反向推理这件事情：让朋友主动还钱，而且心甘情愿，就必须让他感受到你借钱给他的诚意，以及你对友情的看重，让他感

觉不还都有些说不过去。具体怎么做呢？

可以这样跟他说："老周啊，看你最近挺忙，生意怎么样啊？"

"马马虎虎吧。"

"如果缺钱的话，和我说一声。多了没有，万儿八千还是可以的。"

"哎哟，惭愧，上次借的还没有还上。"

"哦，你不说我还真把这事儿给忘了。改天连本带利还我，哈哈。"

"利息就免了，请你喝酒怎么样？哈哈。"

…………

这虽然是生活中司空见惯的一件事情，但是用不同的方式处理，得到的结果往往大不一样。可见，用正向思维不能解决的难题，通过反向推理可以轻松化解。这里所说的"反向推理"也是一种方法论。有人可能会说，在新冠肺炎疫情期间，大家都戴口罩，我也来个反向推理：我不戴口罩，肯定也是安全的啊。这不是反向推理，这是无理的辩驳。

现实生活中，反向推理是解决问题的一种策略。它的推理方式和正向推理正好相反，它是由结论出发，逐级验证该结论的正确性，直至条件。在遇到棘手问题时，我们应学会善于运用下面几种反向推理法来寻找解决问题的突破口：

1. 打破常规法：跳出原有的思维框架

平时，我们大多数的行为都属于不假思索的程序性反应下的行为。例如，行走的时候很自然地就迈开双腿，而不用纠结要伸左腿还是伸右腿；用键盘打字时，不用考虑字的组成和需要的字母键在哪里，凭着感觉就可以把字敲打出来。这些行为就像本能一样，不费一点儿脑力。如果我们不假思索，日复一日地重复某种行为，我们永远也跳不出原有的思维框架。

在2020年新冠肺炎疫情期间，很多人的生活、工作都面临困难，为了谋求新的出路，不少人在思考如何增强自己的抗风险能力，比如有的人开始尝试直播带货，有的人开始主动"充电"，有的人利用业余时间写作赚稿费……大家纷纷跳出了原有的思维模式，探索更多的可能性。

就像铁匠瞿张旺在《有温度的手艺》中说的那样："做铁匠并不等于抡大锤，要在这个看似没有太多技术含量的行当里做好，还是要多花心思。干这一行要靠自己的悟性；要是不钻研、不找技巧，根本就学不好。抡一辈子大锤的都有。"因此，不能一味地在既定道路上采用不变的方法行动，而要尝试跳出现在的思维框架寻求新出路。

要想不被现实中的问题困住，在提升自我时一定要学会跳出原有的思维框架，才能发现更广阔的天地。

2. 起点探究法：问题的起点才是突破点

解决某个问题时，如果很难有所突破，可以暂时将问题放下，然后回到问题的起点，分析问题的本质，从而寻求方法以另辟蹊径。例如，探矿时常用的方法就很符合这一点。为了减少钻探的盲目性，地质学家经过研究发现，植物在不同的矿区会呈现不同的特点，如野玫瑰在铜矿区会呈现蔚蓝色，忍冬藤在金矿或银矿区生长得非常茂盛，等等。于是，专家通过先分析植物的一些特点，再进行钻探，进而发明了植物探矿法（也指植物指示找矿法，该法早在我国的南朝和唐代的古籍中就有论述）。

运用类似的方法，需要大量的知识储备，而且要在各种知识之间建立横向的联系。当然，解决很多问题不一定会用到这种方法，但是通过它更容易让我们了解问题的本质。

3. 目标逆向法：从已知目标倒推找到答案

目标逆向法又叫目标倒推法，它通过反向推理来构建解决问题的新途径。运用这种逆向思维方法，可以从结果、目标导向出发，进而去推演过

 逆向思维

程,然后在过程中推导出想要的信息。即首先要确定或设定一个可以达到的目标,然后从目标倒过来往回想,直至你现在所处的位置。也就是从最终目标出发倒回来进行逆向思维,如此就能获得事情发展的脉络图。

现在,很多人都有做计划的习惯。假如你是一位网络主播,打算一年内增加100万的粉丝。那么从第1个月开始,你每个月应该涨粉8万左右。如果半年过去了,你涨粉30万,那么剩下6个月就要涨粉70万,也就是平均每个月要涨12万粉左右。分摊到每周,就是近3万。

简单来说,目标逆向法就是从剩余的时间反向推算出每天该做的事或者要达成的目标量。在平时的生活与工作中,我们该如何用这种方法来做计划呢?

首先是统揽全局,即把握整体情况。其次,根据工作的难易程度分段设置目标。例如,可以设置年度目标、季度目标等。当然,一个完善的计划必须要有逆向日程安排。所谓逆向日程安排,就是以结果为导向,对每一个时间段制订详细的行动计划。

凡事都有两面性,由于我们长期的思维习惯,使得我们往往只会看到其中的一面,从正向看问题而欠缺反向推理。这就使我们在对待同一事物时,思维的过程和结果颇为相似。而那些善于反向推理的人反而成了我们眼中"不正常的人"——说话举一反三,有说服力;办事沉稳高效,不按套路出牌;思想有深度,逻辑思维能力过人。在其他一些方面,他们也表现得出类拔萃。

逆向剖析，看到假象背后的真相

"盲人摸象"的故事，大家耳熟能详：

有四个盲人，同时摸到一头大象，有的说大象像柱子，有的说像一面墙，有的说像蒲扇。他们对自己的判断深信不疑，都认为自己说出了"真相"。

现实生活中，我们每个人都会天然地认为，自己看到的、感受到的一定是真相，一定是正确的。因为没有人愿意承认自己是错的，更没有人愿意接受他人指责。他们的逻辑是：我没有错，要说有错，那一定是别人！

这样一来，就容易被一些现象蒙蔽双眼，而无法穿透假象看到背后事物发展的真实逻辑。比如，有的人见街边的一些饭店食客非常少，便得出这样的定论：当下是互联网时代，是电商时代，所以线下的生意越来越难做，传统行业更是穷途末路啊。

事实呢？很多餐馆线下生意一般，线上生意却做得非常火爆，而且一些传统行业也搭上了互联网这趟发展快车，实现了转型升级，而你看不到不等于它不存在。倒过来思考问题，你就会看到事情的真相——试想，如果饭店真的不赚钱，每个月都在赔钱，那么，为什么还要持续经营下去呢？赔一个月两个月可以，一年两年呢？虽然你看到的到店顾客少是真的，但是到店顾客少不等于赔钱！

许多时候，当我们只相信自己的眼睛与判断，凭经验与感觉去看待

 逆向思维

问题时,看到的往往只是一种表象,也可能是一种假象。更何况,我们在分析问题时,往往并不是为了找到真相,而是为了给自己一个信服的答案。要看到现象背后的本质,假象掩饰后的真相,一定要运用逆向思维。

十几年前,杀毒软件行业就已经做得非常成熟,其中国内的行业巨头有瑞星、金山等。表面上看,这时的市场已经达到饱和,新的公司已无生存的空间。就是在这个时候,半路杀出个奇虎360。它一改昔日行业"一手交钱,一手交货"的行业规则,反其道而行之,向市场推出完全免费的杀毒软件——终身免费,免费使用,免费升级。奇虎360放的这个大招彻底颠覆了杀毒软件行业的运营模式。当然,一些公司高层也提出异议:没见过这样玩的,这么下去,公司迟早会倒闭。

结果,奇虎360通过向用户提供免费的杀毒服务,在极短的时间内就吸引了大量的忠实用户,赢得了用户的好评,从而形成了良好的社会影响力。在此基础上,公司在主营业务之外拓展收费服务,实现了盈利。

在常人看来,奇虎360实行免费服务的举措,只是应对市场竞争而采取的一种商业策略,其实,它这么做是想通过让行业重新洗牌来确立自己的优势。

在当代社会,不论做生意、开公司还是生活、工作、为人处世,一定要善于运用逆向思维,学会透过繁杂的事物表象去逆向剖析其背后的深层逻辑。只有做到这一点,才能时时处处掌握主动,事事通达。

现实中，我们在透过现象看事物真相的时候，一定要懂得逆向剖析。在使用这种方法时，要特别注意以下三个技巧：

1. 建立初始假设

我们思考某种现象时，为了更好地解读获得的相关信息，先要基于某种现象确定一个初始假设。

例如，明天就是五一假期，如果我们有出行计划，通常会确定这样的初始假设：明天走A高速公路，但早高峰会塞车。与其堵在路上，为什么不选择其他线路呢？有了这个假设，接着我们就可以据此进行判断，并制订出解决问题的方案。

当然，在完善方案的过程中，我们需要不断地收集相关资料，随着对信息了解程度的加深，初始假设也可能会被修改。也就是说，在最终方案确定下来之前，需要不断地修改当前假设。这一步骤有点儿像反向推理，即用所掌握的已被证实的可信的资料来反向修正初始假设。例如，得到可靠的消息是：B高速逢节必堵，一般早高峰会堵两个小时，早上9点后，堵车现象会明显缓解；A高速的车辆明显更多，塞车时间也更长，10点后才会有明显好转。根据这两条信息，我们可以修正之前的假设为：明天最好是9点后上B高速公路。

在建立基本的初始假设，并根据所获得的信息适时、及时地对假设进行修正后，还要提出一些相应的问题，如：

这些假设是否合理呢？

目前所掌握的信息是否足够充分？

基于这些信息的推理是否存在问题？

除此之外，还有哪些更好的方案？

回答完这些问题后，你会发现，自己的思路会变得更加清晰，对问题

的判断也更加准确，而且这种判断是基于理性的，而非感觉。

2. 理性解读看到的信息

解读，从字面理解，就是理解信息要传达的真实含义。这里，特别要强调"理性"，即在解读某条信息时，需要遵循相应的规则，不夹带某种偏见，不能掺杂个人习惯与喜好的作用，尽可能实事求是。也就是要让理智先于情绪，而不是倒过来。

事实证明，在没有规则限定的情况下，人们更愿意通过自己的情感意志对外界进行一系列主观解读。在大脑中，杏仁核和前额叶分别对应情绪和理智的区域。但是，由于传输信息的神经回路的缘故，有一条快捷通道连接杏仁核，因此，当我们感受到外界的刺激时，我们的情绪会先于理智作出相应的反应。

有时，这种机制也是一种不错的自我保护。比如，在我们全神贯注做一件事情的时候，突然受到惊吓，这种外界"刺激"会让我们"精神一振"，并伴有恐惧的情绪，所以，这种机制会特别留意外界的危险。

而有些情况下，这种机制就会让我们作出错误的判断。比如，你觉得某个人和你说话的语气不太友好，你从心底会有些反感他。这时，就是好恶与情绪先于理智，从而让你对对方作出欠缺理性的解读。

3. 熟练掌握本质方法论

本质方法论，即指一个人在生活中通过不断学习、实践，总结出的一套更接近理性思考的抓事物本质的个人哲学体系理论。

现实生活中，每个人都有自己的"处事经验"，并习惯运用它们去解释和处理身边的事情，从而导致他们在看待问题时只关注现象，而忽略本质。想要改变这个状况，我们就必须颠倒过来，在看待某一问题时，重于思考本质，而非关注表象。

在剖析事物的本质时，一定要紧紧抓住事件背后的"根本性"运作逻辑，理解真正的前因后果，不要被事物的表象和自己的感性偏见、其他因素等影响自己的判断。为此，我们可以从多个角度去分析问题，并把从各个角度找到的真相融合到一起，进而还原事情的原貌。

这个世界上，不论多么复杂的事物，只要我们掌握了分析问题的方法，正确地解读信息，理性地梳理脉络，并用一种合乎逻辑的方式将各部分串联起来，就能认识它的本质与规律，从而解决问题。

第二章
逆向思维如何修炼

我们总是会有意无意地陷入无解的人生怪圈中：越忙碌越焦虑，越减肥越肥胖，越怕穷越没钱，越思考越迷茫……思维不改变，即使一直在努力，也难以获得成长。要突破自己，就不能让自己的思维在原地打转，换个思维方向，或许你可以看清自己该有的样子。

 逆向思维

焦虑的根源可能在于反刍思维

焦虑，指个体预感到即将发生某种不利情况而又难以应对的不愉快的情绪。经常焦虑的人有一个共性，即他们容易烦躁、自我怀疑，甚至会给自己戴上精神枷锁，让自己长时间陷入思维的死胡同。这个死胡同也就是我们所说的固化思维，也叫反刍思维。

什么是反刍思维？

它是指长时间地反复关注某一事物，如自身的消极情绪，或者是强迫自己一次又一次查找原因导致自己痛苦，而无法集中注意力做事，进而增加个人的焦虑感的思维。这种思维不仅会让一个人的情绪变差，还会影响到他的正常生活与工作。

例如，一个人害怕当众演讲。在登台之前，他的脑子里总会出现自己出现口误或是忘词的情景，越想越害怕，最后都有些想放弃了。等到登台的时候，已经紧张得连话都说不利索，所有注意力都不在演讲上，而是一直在想"别人会怎么看待我"，如此一来，他又怎么能做好演讲呢？

如果想要从根本上消除焦虑，那么，就必须改变习惯性的反刍思维模式。以上面的演讲为例。在你害怕的时候，可以换转一下思维，这样想："反正我讲不好，就算是搞砸了也没有什么大不了。原本我也不会给自己过高的期望。"如此一来，紧张感反而没那么强了。

具体来说，我们该如何通过逆向思维来化解内心的焦虑呢？有这么几

个实用的妙招。

1. 重建自己的思维方式

我们知道,焦虑源于错误、单向的思维方式。比如,我们觉得自己不够优秀,便会找一堆相关的词语来形容自己,却丝毫看不到自己的闪光点。这种思维方式就是有问题的。

> 小刘是个完美主义者,她长得很秀气,但她总觉得自己不够漂亮,30岁还没有处到心仪的男朋友。私下里,她非常焦虑:
> "我皮肤不好,不够细腻。"
> "眼袋好像越来越大,眼睛显得不是很好看。"
> "身高才1米58,要是再高10厘米就好了。"
> ……

她眼中的自己浑身上下都是缺点。其实,她很优秀,追求者也众多。像小刘这样的人,就需要重建自己的思维方式,改变对自己的认知及习惯性的思维。比如:对自己进行积极客观的评价;我在其他方面不错,情况也没那么糟;适当运用逆向思维看待自己的缺点,比如:虽然皮肤不够细腻,但是我的身材很好,相貌不错,等等。以此类推。

2. 做最坏的思考,做相应的准备

许多时候,我们的焦虑源于我们面临的选择,比如,好多人就有选择焦虑症,因为他们不清楚自己的选择会带来什么结果,或是不知道自己的选择将得到什么样的收益,所以,在作决定之前会显得异常焦虑。

面对这样的焦虑,最让人有底气的缓解方式是:让自己做最坏的思考,做相应的准备。如何理解呢?首先,要知道自己面对的最坏的情况是

 逆向思维

什么；其次，要让自己有接受这种最坏情况的心理准备；最后，想方设法避免这种最坏的情况发生。

做最坏的思考、做相应的准备是一种典型的逆向思维。它与一般的缓减焦虑的方式不同，不是去按照通常的思路设想，而是干脆去设想最坏的情况并找到应对处理方案，这样一来，就能使自己摆脱焦虑了。所以，当你感到焦虑的时候，可以尝试一下这种方法。即使事情会变得非常糟糕，但你已经有了心理准备，与此同时，你可以采取相应的措施，来降低这种情况发生的概率。用一句话来说就是：现在的情况已经够糟了，还能糟到哪里去？接下来，只能往好的方向发展。

3. 题目由新主题决定

有时，我们的焦虑来自内心的贪婪。例如，有些人做什么事都喜欢贪多求全，这种人的焦虑就比别人多。缓减这种焦虑的最好方式，就是"做减法"。这也是一种逆向思维。

对大多数人来说，我们每天都要工作 8 小时，虽然觉得很疲惫，但是我们如果记录平时的工作进度，会发现一天中认真工作的时间只有 3 个小时左右，而大部分时间被用来聊天、刷手机、上网、喝茶。我们每天用 3 个小时就可以做完 8 个小时的工作。很明显，这不仅没有损失，反而使我们获得了更多宝贵的时间！

接下来，我们再来思考两个问题：你用 3 个小时都做了什么事情？有哪些事情是必须做的？

这时我们发现，自己只是在工作中做了必须要完成的工作，而做好这些工作，3 个小时的时间已经足够了，那么其余时间就是"富余"的。如此一来，你是不是觉得工作不那么累了呢？

同样是看待一天的工作，用两种思维看，能得出两种不同的结果。所

以说，为了摆脱焦虑，每天只用 3 个小时完成工作即可，其余时间自由安排，这样想就不会焦虑了。

4. 列一个低效清单，再摒除不良习惯

如果每天都过得浑浑噩噩，毫无价值感，那么，我们也会感到焦虑。为了让生活变得有意义，让自己学习、工作更高效，很有必要列一个低效清单。之所以列的不是高效清单，是因为我们要知道低效的一天是怎样度过的。低效清单可能是这样的：

刷手机 2 个小时；

网购 1 个小时；

逛街 3 个小时；

追电视剧 3 个小时；

…………

相应地，让自己变得高效的方法也很简单：在做一件事情之前，看它是否在自己的低效清单上，如果在，就避开它。也许我们不知道如何做才是高效的，但避开错误的路径一定是对的。

许多时候，我们内心的焦虑不是来自客观条件的落后、限制，而是主观对痛苦的回味。正所谓"心病还需心药医"。为了摆脱焦虑的困扰，一方面，我们要改变反刍思维模式，避免焦虑的产生；另一方面，要学会运用逆向思维化解已有的焦虑，从而掌控生活。因为焦虑这东西，不是你想要它不存在，它就不存在的。

 逆向思维

不自信？一定是思维出了问题

一个人自信也好，自负抑或是自卑也罢，看似是一种内在情感的外露，实则是个人思维模式的一种外化表现。我们经常见到这样的情景：一个人在某件事情上很痛苦、很失落，但是因为某个事件的触发，或是因为某种心理或想法的产生而瞬间重拾自信。这足以说明，当一个人不自信的时候，一定是思维出了问题！

因为我们不会无端产生一种认知或情感，每一种认知、情感的产生都源于我们的思维模式与思考方式及其他因素的作用。消极的思维模式容易让我们变得自卑、自责、失落，或者缺少安全感；相反，积极的思维模式会让我们变得自信、受到鼓舞、感觉满意。

你习惯使用什么样的思维方式，一方面取决于环境的影响，另一方面取决于个人的努力。如果你缺少培养自己积极思维方式的环境，那么就一定要加强后天的学习与培养，去不断地训练自己。但是，不管选择哪种形式的训练，都需要先从转换思维入手。

1. 突破低自尊的思维怪圈

所谓低自尊，是一种对自我评价过于偏向负面的一种自我信念引发的感觉。持有这种信念的人，会认为自己毫无价值或者价值极低，会过度放大自己的缺点，忽略自己的优点，从而对自己的生活造成各种影响。

在我们身边，有许多这样的人：当他们与别人的意见不同时容易妥协；

不善于表达自己的观点，喜欢迎合他人；生活比较封闭，害怕别人看到自己的缺点；求全责备，习惯埋怨自己的不是……

之所以会有这些行为，是因为他们对自己抱有负面的核心信念。也正是因为这种信念，使得他们的思维总是在这样一个圈子中往复：否定自己—负面预期—办事不顺—负面预期实现—否定自己……

其实，不是低自尊的人不优秀，只是他们认为"我不够优秀"。所以，想要走出低自尊的阴影，必须先克服已经内化成思维习惯的"我不能""我不行"等负面的核心信念，并重新构建一个积极的思维模式：肯定自己—正面预期—办事不顺—鼓励自己—办事顺利—肯定自己……

2. 换个角度看问题

面对同样装有半杯水的杯子，消极的人可能会叹息："唉，为什么这不是一整杯水。"自信的人却乐观地感恩："感谢上帝，这个杯子居然不是空的。"自卑与自信是相对来说的。比如，有些时候，看似让我们自卑的"问题"，换个角度去看它，就很可能会让我们收获信心。这也是逆向思维的神奇之处，即可以将消极的想法转化为积极的想法。举个例子：

很早之前，有个穷秀才进京赶考，住进了一家客栈。在考试的前两天，他做了两个梦：一次梦到自己在墙上种白菜；另一次梦到他在雨天戴着斗笠，还打着伞。

他觉得这两个梦别有深意，于是去找算命先生解梦。听过他的讲述后，算命先生狠拍了一下大腿，说："坏了，你还是赶快回家吧，没戏！你想啊，高墙上怎么能种白菜？那不是白费劲！雨天戴着斗笠，还要打伞，岂不是多此一举吗？"

秀才一听，心立马凉了半截。回到客栈后，他开始收拾包袱准备

 逆向思维

回家。客栈老板见状问道:"明天就要考试了,今天你要回家?"

秀才于是就把算命先生的话如实告诉了他,客栈老板听后笑了:"原来如此。依我看,你这次考试一定会中的。你想想,在墙上种白菜,那不是高种(中)吗?雨天戴斗笠又打伞,说明你此次有备无患呀!"

秀才一听,心头一震,变得自信满满。在接下来的考试中,他发挥出色,名列前茅。

生活中,真正左右你的并非身边的环境,而是你的思维。思维变了,行动就会改变,而行动改变了,结果也会跟着改变。因此,在不自信的时候,不要急于下定论,要想想是否需要换个角度看问题——人生的高度有时就取决于你看问题的角度。

3. 反向应用达克效应

什么是达克效应?通俗地说,就是能力越低的人越容易过高估计自己,而能力越高的人越倾向于低估自己。高估自己就是过度自信,这是许多人都容易犯的一个毛病。之所以会出现达克效应,是因为信息不对称。如果一个人身处自己不擅长的领域,那么,他就很难理解比自己更专业、更优秀的人厉害在哪里,即认识不到他人的价值,于是以"大家都差不多"的错判安慰自己。而那些能力强的人则恰恰相反,他们能看到别人的厉害之处,也能看到自己的不足。

在提升自信方面,我们要学会与达克效应反着来。具体的方法是:

首先,要对他人、对自己的优缺点有一个客观的认识,尽量避免掺杂主观情感,通过拔高自己或贬低别人来提升自信心。

其次,要寻找自己和他人在多个方面的差距。记住,不要把自己差的地方看得太差,同理,也不要太"神化"他人的厉害之处。找到差距,要清楚原因在哪里,及该如何去弥补自己的短板,这时要保持一种学习、开

放的姿态，而不是持着攀比的心理。

最后，莫把自己的优势当作炫耀的资本。在你想要翘尾巴的时候，要让自己保持冷静；在觉得自己不够优秀的时候，要给自己信心。总之，要学会反向调节自己的思维，以避免盲目自信或一味自卑。

在生活中，真正左右你的并非周围的环境，而是你的思维和心态。真正自信的人都拥有强大的逆向思考能力与积极的心态。正因如此，他们才能在世事变迁中变得自信。

突破思维局限，理性消除负面情绪

在认知心理学中，有一种认知行为疗法。该疗法认为：当一个人遇到某种刺激后，脑海中会自动出现一些想法。之所以说是"自动"，是因为这些想法已经与自己相随相伴了几年、十几年，甚至是几十年，它们与激活点之间的神经通路异常强壮，能快速连接。只要这个激活点受到刺激，这些"想法"就会自动出现，并能够跳过大脑的侦查。如果不是特意去回想，甚至根本感觉不到它们的出现，也察觉不出它们的出现对自己的情绪和行为的影响。

那么，这些"想法"都是积极的吗？当然不是。其中有一部分，甚至是相当一部分会让我们产生坏情绪。而且，由于这些"想法"天然具备隐蔽性，所以我们很难控制由它们而产生的坏情绪。这也可以用来解释为什么有些人在受到某种刺激后会变得情绪激动，甚至是不能自控。当然，也可以用来解释为什么有的人总喜欢抱怨，一抱怨就有说不完的话，而且情绪会变得很差。

他们在释放坏情绪时,之所以会有一种畅快感,完全是因为其受某种情感的驱动。也就是说,这时候情感战胜了理智。所以说,要消除坏情绪,或是正确释放坏情绪,必须让理性战胜情感。否则,就没有办法打破这个让人痛苦的闭环:长时间胡思乱想—没有办法解决—累积坏情绪—陷入思维困局—负面情绪增加—抑郁、焦虑。

为了突破这个死局,让自己回归正常的状态,一定要转变思维方式,学会理性地处理、释放坏情绪。

1.转移焦点:忘记所有旧有的不愉快

现实世界丰富多彩,我们为什么一定要沉溺于过去而不能自拔呢?因为局限思维。不少人都有过不愉快的经历。即便事情过去了很长时间,它们依然停留在记忆当中。这就说明,这些人拥有较强的局限思维。这种思维足以毁掉他们现在的幸福。所以,一定要想办法将这些记忆从大脑中排挤出去,并用一些新的、有趣的想法替代它们。

例如,可以使自己的身心忙起来,有意识地让自己专注、投入一件事当中。它可以是自己的本职工作,也可以是自己感兴趣的事情。因为人在无所事事的情况下容易胡思乱想,会被一些乱七八糟的事情影响。正如美国作家雷蒙德·连卡佛所说:"我还是相信工作的价值——越辛苦越好。不工作的人有太多的时间来沉溺于自己和自己的烦恼之中。"

所以,当你感到烦恼时,一定要先按下生活的暂停键,重新聚焦一个目标,并将自己的注意力转移过来以产生新的思维代替旧思维,这样就会减少许多烦恼。

2.换个角度看待:正面想不通就反过来想

有时,我们之所以感到气愤、郁闷,是因为我们站的角度不同。说白了，就是缺少同理心。在生活中，这样的场景很常见：A 和 B 两个朋友合伙做生意，开始一切都顺利，后来赔钱了，生意做不下去了。这时 A 会说 B 的不是，B 会说 A 的缺点。而此时若能想到事已至此，究竟谁对谁错并不重要，那么问题的解决就有了转机。

在遇到不如意、不顺心时，多数人会持有气愤、郁闷的心态。其实，只要我们换个角度，看看能否逆向思考——把心思用在解决具体的问题上，而不是指责、怪罪别人，问题就能得到解决。这么做的好处是：有利于从根本上寻找问题的突破口，有利于消除自己的坏情绪。当然，也会给别人留下一个好印象。

所以说，人生哪来那么多的烦恼与痛苦。许多时候，我们的不愉快都是自己造成的。时常变换方向看问题，结果也往往会大不一样。当正面想不通时，就倒过来想、换位想，思路自然就清晰了。

3. 反向操作：讲道理不如讲方法

反向操作，特别是对股民来说，是再熟悉不过的一个"概念"，它体现的就是一种逆向思维。即大家都朝着一个方向思考问题时，你向着相反的方向去思考，结果也往往出人意料。例如，当大多数股民都看好股市，并疯狂入市，坐等自己买入的股票一飞冲天时，也往往是一些金融大户反向操作的开始。

这也可以看作一种心理博弈，在现实生活中，这种反向操作也可以用在消除坏情绪上。比如，你与女朋友发生了一点儿不愉快，你一味地和她讲道理——你是如何为她好，她是如何冤枉你、误会你……即使真的是女友有错在先，这些都可能无济于事。如果反向操作，有效的做法是：给她一个惊喜，然后寻找机会表达你的歉意。

有些事情就是这样，你的思维一旦受限，你越努力，反而会陷得越深，事情会办得越糟糕。这时候如果能让思维跳出来，只需做一点点努力，立马又看到另一番天地。

4. 积极疏导：理性释放坏情绪

当你憋了一肚子的负面情绪时，一定要为它找一个合适的出口，此时理性的做法是：跟好友倾诉；美美地吃顿大餐；买身漂亮的衣服；等等。一句话，就是要及时修复内心、抚慰脆弱，不要因为一时的困顿而陷入长时间的痛苦中。

不善于为自己的坏情绪找出路的人，总是希望去改变别人的看法。要知道，改变自己的做法比改变别人的想法更容易。在遇到问题时，要先感知自己的情绪，再去改变自己的行为。如果一定要抱怨，那么，请理性释放你的坏情绪！这样，许多问题都更易迎刃而解。

否则，不善于疏导自己的坏情绪，一味地让它们在心头积压，那我们心灵的堤坝只得越筑越高，结果就是终有一天它会崩塌。

要改变坏情绪，先要改变思路，不要在问题面前总是看到"障碍"。当我们对事物的看法和想法发生了变化，我们的心理状态会跟着发生变化，事情就可能因此出现转机。否则，思维一旦受限，打不开，转不过来时，就容易因为失去理智而产生坏情绪。即使我们不愚蠢，不孤陋寡闻，至少，我们的许多努力在此刻都会徒劳无功。

打破思维魔咒，提升幸福指数

一个人生活得是否幸福，不仅取决于他的心态，也与其思维有关。这是因为，当我们要求自己"必须""一定""无论如何""想尽一切办法"达成某个目标，或是成为什么样子时，非常容易出现欲望和能力、条件不匹配。既遏制不住自己的欲望，又无法提升自己的能力，烦恼自然就会找上门来。

例如，有人会为自己设定一个小目标：年收入必须超过100万元。有人会要求自己：非"高帅富"不嫁；打工不久，必须要自己当老板……

打破思维魔咒是一种很常见的思维方式。的确，它有一定的自我激励作用，但是，许多人的不幸福也是因为这种思维方式导致的——更在乎"赢"，更在乎别人对自己的认可，更在乎欲望的满足。这是几乎所有活得不幸福的人都容易陷入的一种思维魔咒。

其实，幸福很简单，只需少一点欲望，多一些逆向思维。

H先生50多岁，是某公司的一位职员。在生活中，他的心态一直很好，外表看上去也很有活力。平时，他每天都要走1万多步。

他的老板不解："你每天走1万多步，是怎么做到的？我想走都没有时间啊，都快累成狗了。"

他笑着说："这很正常啊，有什么大惊小怪的。我早上步行送儿

逆向思维

子上学后，要到菜市场买菜，然后再回到家中，下午还要去学校接孩子。"

"哦，原来是三点一线的生活，也挺累的。"老板说。

H先生说："如果说不累，那肯定是假的，但是，如果你用另外一种方式去思考，把它视为一项健身运动，那么你就不觉得累了。再说，行走在路上，陪孩子说说话，听一听她的心声，不也是一种小小的幸福吗？"

做一件事，如果总是想，"我是在完成一件不得不完成的任务"，那么就谈不上乐趣。如果倒过来想，"这是另外一种收获，是额外的惊喜"。以另一种心态看待，那就会有不一样的效果。所以说，我们的幸福指数取决于我们的思维方式，适时地打破思维的"魔咒"可以增加幸福感。

下面介绍三种可以提升幸福指数的思维方式：

1. "得到"思维：付出也是一种收获

做一件事情时，如果我们把精力过多地关注在自己失去了什么，付出了什么上面，而看不到自己的所得，那我们很可能会陷入纠结、不甘，甚至愤懑与痛苦之中。改变这种状态的最好方式就是使用逆向思维。

李大爷是一位退休干部，人非常的勤劳、朴素，且又能吃苦。平时，没事的时候，他就拿着扫把和簸箕清扫小区广场和车道的垃圾，从来不以此为苦和麻烦。碰到熟人，他会半开玩笑地说："我啊，这又开始活动筋骨了，人上了年纪，总要动一动，这样才会全身舒服。"很多人都由此敬佩他的豁达。

虽然是一句很普通的话，却蕴含着一个非常深刻的人生道理——用逆向思维看世界，付出就是一种收获，帮助别人就是成就自己。而不善于做逆向思维的人，很难在生活与工作中拥有由此产生的心境与快乐。

2. 微量思维：每天都给自己正反馈

什么是微量思维？简单来说，就是与其把每一次努力都看作往高山攀登的一小步，不如把期望降低，享受"又走出了一步"的微小快乐。如此不断地产生细微的幸福感，并进行累积，时间久了，心态会舒服很多。

比如，你身高1米7，体重180斤，明显超标，接下来你打算减掉30斤。一天，两天，虽然付出的努力很多，但是效果并不明显，这时你是不是觉得"减肥真的不容易"？如果用微量思维来看待减肥，你应该这样想：3个月减30斤，一个月10斤，平均一天才3两多，不就是个"小目标"嘛。接下来，你可以每天走1万步，也可以慢跑半个小时。这样继续下去，就可以积小快乐为大快乐，积小成功为大成功，循序渐进地实现减肥计划，而不是一次要求自己减重多少，无形中给自己很大压力。

生活中，运用这种思维，每天都能给自己正反馈，都可以让自己离目标更近一步，也更能坚定自己的信心，提升自己的幸福感。

3. 暗示思维：肯定什么就会获得什么

俄国著名心理学家巴普洛夫认为，暗示是人类最简化、最典型的条件反射。人们在生活中受到周围环境的暗示，随后产生与之相应的心情和情绪。即你肯定什么，你就会得到什么；你否定什么，也会得到什么。比如，你总是抱怨老公不做家务，结果呢？老公真的会像你所说的那样。你越是表现出你的嫌弃，老公可能越反感做家务。

怎么办？可以尝试运用暗示思维。只要他做一点儿家务，你就可以这

 逆向思维

样对他说:"老公,最近我发现你也喜欢干家务了。"你的这种暗示,对他是一种肯定——你可以干家务,而且也能干得很好。至少,这样比抱怨更能让他接受,而且会激发他的兴趣。因为男人都想得到女人的肯定,所以你想要一个男人变得优秀,该肯定的时候一定要肯定,即使不该肯定,也要学会反向操作。

再比如,孩子比较贪玩,那怎么让他主动学习呢?用命令式的口吻说:"你该做作业了,做不完别吃饭!"这样的做法起不到多大作用,而且会激发他的逆反心理。最好的办法,就是放弃命令的口吻,反过来去肯定他:

"你比上周有进步,看,这个句子就造得很不错嘛,而且没有错别字。"

"你完成作业的速度越来越快,上次用一个小时,今天我相信你只用 50 分钟就可以了。"

…………

不断从一些很小很细的点去肯定孩子,给孩子一些自信,这样更能使他确信自己可以做到,会不断提升孩子对学习的兴趣。

平时的生活与工作中,我们也可以运用暗示思维,如肯定同事,肯定客户,肯定伙伴,肯定朋友。总之,你肯定什么,就可能得到什么样的结果。

这个世上没有过不去的坎,只有想不通的人。打破让自己痛苦的思维魔咒,学会换一种角度、换一种方式看人生,便会收获幸福——不是幸福的人没有悲伤,而是看到了它的另一面,绕过了悲伤,用智慧选择新的解决方式。

在自我反省中实现思维进阶

自我反省是一种重要的逆向思维。它是指通过回想自己的思想行为，来检查其中的错误。它既是一种态度，也是一种能力。学会自我反省，不但能安抚自己的情绪，还能提升自己的道德修养。

明代大学士徐溥自幼天资聪颖，读书刻苦。少年时代的徐溥性格沉稳，举止老成，他在私塾读书时从来都不苟言笑。有一次，塾师发现他常从口袋中掏出一个小本本看，以为是小孩子的玩物，等走近才发现，原来是他自己手抄的一本儒家经典语录，由此对他十分赞赏。

徐溥还效仿古人，不断检点自己的言行，在书桌上放了两个瓶子，分别贮藏黑豆和黄豆。每当心中产生一个善念，或是说出一句善言，做了一件善事，便往瓶子中投一粒黄豆；相反，若是言行有什么过失之处，便投一粒黑豆。

开始时，黑豆多，黄豆少，他就不断地深刻反省并激励自己。渐渐地，黄豆和黑豆数量持平，他就再接再厉，更加严格地要求自己。久而久之，瓶中黄豆越积越多，相较之下，黑豆渐渐显得微不足道。直到他后来为官，一直都保留着这一习惯。

今天，自我反省对我们的生活、学习、成长依然重要。事实证明，自

 逆向思维

我反省不但可以帮助我们认识自身的错误,还能提升我们的记忆力,丰富我们的思想,改变我们的思维方式。

生活中,我们都有过这样的经历:对不久前发生的事情没什么印象,如哪些人参加,大家彼此什么关系,都谈了些什么……更记不清一些细节,就像自己当初不在现场一样。为什么会这样?是记忆力变差了,还是选择性遗忘?

甚至有的人都不知道自己这几年做了什么,只知道时间过得太快,对某些事情仅存模糊的印象,却不知它是发生在两年前还是五年前。为什么会发生这样的情况呢?因为缺少自我反省——每天只会按部就班地生活,什么也不去想,事情过去就过去了,不会再次聚焦。

王先生是一个比较健忘的人,但他有一个习惯,就是从2015年开始每天做笔记,今天发生了什么事,有什么感想,都会清楚地记录下来。不知不觉,5年多过去了。他最大的收获是:虽然我的记忆力不好,但是做笔记让我感知到时间的存在,生活过得更踏实。

以前,大家一起聊天,他很少能接上话。现在,他能清楚地说出事情的细节:什么时间,什么地点,都有哪些人做了什么事。准确得连大家都不敢相信,有人还说他是不是使用了记忆外挂。

2019年,王先生又开始了一项工作,写每日反思。不曾想,这件很普通的事却为他打开一个全新的世界。因为写日志,他的时间观念变得更强,通过写每日反思,他找到了生命的价值与意义所在,生活也因此过得更丰富多彩。

如果某天浪费了几个小时,他会反思:

自己到底在忙什么?

是被动地应付外界压力,还是主动追求什么?

自己的生活是不是被别人安排,被别人牵着走?

……………

王先生每天花一点儿时间进行自我反省,对当天发生的一些事情进行复盘。开始在纸上写,后来,他在网上写,在公众号上写,并很快吸引了众多粉丝——他们也从中看到了自己的生活状态,并产生了强烈的共鸣。这给了王先生更大的动力,深切地体会到写作给自己和他人带来的好处。

从这个案例可以看出,不断的自我反省不但可以让我们感知更多的生活细节,丰富自己的内心世界,而且可以让我们不断从小处完善自己,并提升自己的思维层次与境界,让自己有更多的上升机会。

对大多数人来说,该如何进行自我反省呢?非常简单,做到以下三点就可以了。

1. 描述事情经过

描述事情经过可以理解为是简单的复盘,即回顾事情的前前后后,包括时间、地点、人物,发生了什么事,当时是怎样的场景。如果要记录下来的话,那么用一二百字就可以讲清楚。

比如,你在工作中出现了一些疏漏,领导找你谈话。你描述这件事情的经过时,就可以这样写:4月10日上午10点,王经理叫我到他的办公室,就标错×××的售价一事与我做了10分钟沟通,提出了三点要求……之后,经理又召集销售部门所有员工开会,会议内容是就如何改进工作流程征求大家的意见。

2. 分析问题的原因

分析问题的原因就是针对发生的问题多问几个为什么,注意要从多角

度提问,且提出的问题要有深度。以上面事件为例,为什么会标错售价?是工作量太大还是粗心大意?这样的情况经常发生吗?其他员工是否存在类似问题?这是否与工作流程有关?等等。

3.给出改进措施

对事情有了一个全面的了解与分析后,首先要给出可行的解决方案。注意,方案要能落地,不能是空话、无用的话。其次,方案要能量化,要便于考核与自我监督。除此之外,也可以写一些心得体会,即自己从中学到了什么,顿悟到了什么。毕竟,自我反省就是一个很有效的寻找新的经验、新的认识和思路的方法。

有反省的生活,就如同每天在时间的溪流中拾取一块闪亮的小石头,然后精心打磨,过不了多久,就会发现自己拥有了许多认知晶石,它们就是我们生活的印记和结晶。当然,我们的生命质量和密度、认知水平因此也会远远超过那些不反省的人。

思维受限,越努力越迷茫

现实中,我们时常会陷入一种"无解"的怪圈中。比如,我们明明已经很努力了,可是却依然得不到生活给我们的"预期"回应,于是就像陷入了一个迷宫,整个人变得迷茫而焦虑。的确,迷茫是当代人的通病,很少有人可以幸免。

如果没有猜错的话,你或多或少都受到过一些固有思维的支配:

购物的时候,同一类的商品,价格高的质量会更好;

学生时代，学习好才是真的好，差生才会去踢球、画画，做其他事；

做生意当老板，一定要老奸巨猾才吃得开；

…………

当今社会，如果我们的头脑被太多这样的思维定论"禁锢"，那我们会活得越来越迷茫。人一旦开始迷茫，眼界就打不开，思维就会受限，那不就是所谓的无明状态吗？无明，往往不是因为智力达不到，而是由于思维受限了。

可以这样说，几乎所有的困局，问题的根源都在思维上。因为思维决定行为，行为决定结局。一个人之所以会被困在一个怎么都走不出来的怪圈里，就是因为思维上出了问题。也可以说，所有限制都是自我限制。在这个世界上，没有人可以限制你，除非是你自己允许。

倒过来看，如果想走出迷茫，打破当下的困局，那就必须要有"破局思维"。正所谓"不破不立"，只有打破旧有的思维，砸出一个洞来，或将旧的推倒，才能走出去。

下面举个简单的例子：

甲是一位"90后"，中专学历，除了键盘敲得熟练外，似乎没有什么特长。毕业后，他先后在电子厂、模具厂做过流水线上的工人及保安工作，每天工作很辛苦，但是生活很迷茫，不知道将来能干什么，会不会一辈子只能做这种工作。

乙在一家私企做售后客服，每天的工作就是对着屏幕解答顾客的疑问，并把顾客的反馈及时传达给技术部门或销售部门，而且经常受夹板气。她不清楚自己的职业方向：干技术吧，自己是外行；做销售吧，又没那个能力。所以，她很迷茫，每日除了工作就是发呆。

 逆向思维

丙毕业于一所民办院校,为人内向,不善交际,先后投了很多简历,但招聘单位都是扫一眼简历上的毕业院校就直接将他Pass掉了。到工地搬砖吧,拉不下脸,也没那个身板。丙想过做个快递小哥,但又觉得没前途,不能一辈子送外卖。所以,丙整天除了迷茫就是迷茫。

这三个人的经历似曾相识,或者他们就是许多人曾经的自己。他们为什么会感到迷茫呢?仅仅是因为欠缺工作经验,学历不高吗?当然不是。他们是缺乏对自我的认知。他们在潜意识中认为:自己没有竞争力,自己没有好的学历。总之,该有的自己都没有。

要知道,现在遍地是机会,之所以很多人会迷茫,是因为他们将全部注意力用来关注外部环境中的传统思维,用它来择业。其实,他们应该逆转思维,这样去想:虽然我在这方面不行,但是天生我材必有用,一定有适合我的岗位。关键是我能否找准方向,认定一个目标,选定一件工作,并把它做到极致。

丁先生读大学的时候,在父母的建议下,选择了自己并不喜欢的法律专业,毕业后,他连续5年没有通过"司考",一度有些迷茫,觉得学这个专业如果做不了律师,那还能做什么?后来,他通过深入分析自己的性格、兴趣等方面,觉得自己对市场营销比较感兴趣,而且所学的法律知识多少也能派上用场。于是,他开始了一份营销类的工作,同时潜心学习相关知识。用了3年的时间,他从一家小公司的市场专员做到了一家知名外贸公司的市场总监的位置。

思维不设限的人不易被纷扰的外部环境中的观念言论所裹挟。因为他

们清楚自己适合做什么，没有人比自己更清楚。很多人之所以迷茫，在于没有建立正确的自我认知，不了解自己适合做什么。当我们不了解自己时，就会依赖别人贴在我们身上的标签，然后形成一个伪"自我概念"。这一概念的失真使我们看不到自己的真正优势，听不见自己内心真实的声音，看不清自己的职业方向。

有的人从来不为迷茫所困，他们虽然算不上出类拔萃，但内心坚定，步履从容，在属于自己的职业路上走得平稳、顺当，究其原因，可能就是他们能够逆转思维看自己。

1. 逆向思维看性格

用传统思维看，我们找工作时最应该关心的是什么？是薪水、工作内容，还是工作环境？有些人认为只要自己觉得这些不错，性格适不适合就无所谓了，毕竟现在竞争压力大，能糊口是要紧的事。

如果从逆向思维来看，性格对一个人的职业发展影响很大。善于为自己做长远职业规划的人在选择工作时，一定会考虑自己的性格因素。这是因为性格也能影响一个人的思维方式，同时，了解与他人之间的性格差异有助于加强与他人的互信与合作。有时候，性格还能决定你的职业方向。比如，某人性格极其内向，表达能力欠缺，但是做事比较认真、有耐心，那他就不适合做管理工作，而是比较适合从事技术类工作。如果这个人就是不喜欢做技术或技术类工作，一定要当老板，那他可能会遇到很大的职业瓶颈，而且职业生涯也会比较坎坷。

2. 逆向思维看兴趣

如果说性格类型可以左右职业发展方向的话，那么，通过职业兴趣则可以看出一个人对某项工作的认同度。有的人之所以迷茫，就是因为自己喜欢的工作干不了，现在能干的又是自己不喜欢的。

 逆向思维

有些人之所以对某份工作有兴趣,可能是因为工作内容轻松、无压力,而且待遇还不错。其实,这不算职业兴趣,至多算是享受工作。也有人说,我喜欢这份工作,是因为1份这样的工作可以赚10份其他工作的钱。这也不叫对某个职业有兴趣。

如此一来,如果工作不轻松、待遇一般,那我们是不是又该迷茫了:工作要不要干?要不要干好?

因此,我们要摆脱这种思维束缚,就要从另一个角度看待职业兴趣。职业兴趣不应等同于个人的兴趣好恶,它要符合个人的价值观并能与适合自己的职位挂钩,使人在其中可以获得成就感。只有职业兴趣与工作正确结合,从而找到合适的工作,我们才不会浅尝辄止,才能持续、深入地把一项工作做到更好,才会有很强的职业认同感。

3. 逆向思维看技能

在多数人看来,职业技能就是一技之长,就是"吃饭"的本事。现实情况是,很多人空有一身本事,却整日生活在迷茫之中。为什么会这样呢?因为思维!他们认为,只要自己掌握了某项技能,将来就一定会怎么样:学管理,以后就一定做管理者;学农业技术,将来就一定从事这方面的工作……

其实不然。虽然技术技能是分专业的,但是看问题的思维方式却是相通的。学编程不一定要当程序员,但是它可以培养你的编程思维;学管理不一定当老板,但是可以提升你的管理思维;等等。

所以,不是说只要我们掌握了什么技能,就一定要干什么,就一定能干好什么。在每个行业,都有一些非常优秀的"门外汉",论专业技能,他们绝对算是外行。外行领导内行,而且比内行更懂行,凭的是什么?是思维,有时候是破局思维。

这也是好多人即使了解自己的性格，也找到了自己的职业兴趣，拥有了一技之长，却依然过不好这一生的根本原因。他们只善于向外探索，而不懂得向内探求。当一个人的思维太过受限于外部环境，就容易跟随世俗的潮流，看不出真正价值所在，而且很少会站在"大家可能是错的"的角度思考问题。这样一来，他会把自己束缚在别人的思维框架中，并极力让自己活成别人期望的样子，如此，又怎么可能不迷茫呢？

第三章
如何用逆向思维提高沟通效果

只使用一种或几种固定的思维方式去表达，或是与他人沟通时，极易被一些自己想象不到的"意外"因素干扰，进而出现卡壳、"丢帧"等情形，甚至会变得束手无策。为了避免这种窘境出现，提升沟通的效果与力度，一定要懂得逆逻辑表达——如果顺着不行，赶快反着来。

 逆向思维

逆逻辑表达：别被问题堵住嘴巴

生活中，我们经常会遇到的一个棘手问题就是不知道如何恰当地回答别人的问题，或者如何去主动地回应别人的话题。每当这个时候，我们会觉得自己笨嘴笨舌。直接应对吧，担心表达不当，双方聊不到一个频道；装作没听懂，不做任何回应，场面又不好看。那么，该怎么办呢？不妨尝试一下用逆逻辑表达。

在一些新闻发布会上，我们经常见到这样的场景：有的人面对记者的提问答非所问，语言逻辑混乱；有的人干脆避而不答，使得整个场面很尴尬。为什么会出现这种情况呢？因为他们的思维不会拐弯。尤其是当被提问者的思路不是非常清晰，说到哪儿算哪儿时，很容易被记者的问题诱导，一味地顺着记者的思路来作答，这样一来，就不可避免地会被带进"坑"里。

而善于逆向思维的人在面对一些刁钻的或是不宜正面回答的问题时，为了提升表达效果，或是避免发生不必要的误会、尴尬，通常会不按套路出牌。

有一次，澎湃新闻的一位记者对某位明星进行了专访，其间提到这样一个问题："明星都会为了（电影）海报排名纠结，包括走红毯是不是压轴，我发现你好像不太在意这些？"记者的本意是，想委婉地夸奖这位明星看淡虚名。面对这个问题，大多数人通常会谦虚、客

套几句,比如说:"我想大家都不太在意吧,但是,既然主办方已经安排了这个环节,作为嘉宾,走一走也无妨。"或者是:"是这样的,说实话,我对这个并不感冒,作为演员,把注意力放在提高演技上才是关键。"但是这位明星的回答出人意料,他说:"谁说的?我会和他们拼命的……"

记者非常佩服地说:"难怪大家都说你智商、情商、财商都很高。"

这里,这位明星运用了逆向思维,正话反说。事实是他不会计较海报位置或走红地毯的顺序,但是,他如果顺着记者的提问回答,说自己从不玩虚的,即使态度再诚恳,也会让人觉得是客套话、场面话。再者,做演员也要追求名与利,这是人之常情。这位明星选择运用逆逻辑回答,既体现了他幽默的说话风格,也不会让人感觉虚伪,同时,还拉近了与粉丝之间的距离。

这位明星说完上面的话后,有记者问:"在拍《亲爱的》这部电影时,有没有被导演刁难?"这位明星回答说:"他在现场比较温和,其实他被我折磨得不轻。很多时候他觉得够了,可以了,我觉得还可以再来一下、再来一下。他在香港导演里算是比较文艺的导演。他对内地文化的了解也比较深。我说的文化不在于风俗人情,而是现实社会状态下出现的矛盾冲突。他会有自己的一些理解。"

如果说在前一个例子中,这位明星是针对别人而说的,那么,这次则是针对自己而说的。不管怎样,都是在"反说",表达的都是"正话",既表达了自己心里想说的话,也活跃了现场交流的气氛;同时,让整个场面更好看,可谓一举多得。

 逆向思维

在实际生活中,该如何恰如其分地逆逻辑表达呢?

1. 巧借人或事烘托本意

在逆逻辑表达前,首先需要找到语言环境中的正反两种关系,其次,采用语言符号和语调等辅助手段,故意把黑的说成白的,把白的说成黑的,让对方从字面含义悟出自己的真实意图。

有一次,一位作者给一家杂志社投稿,20天没见回音,便打电话问编辑:"我写的短篇小说如何?"

编辑说:"写得太棒啦,可以在我们社发表。但是呢,有个地方需要做个小小的改动。"

作者赶忙问:"你快说哪里要改,我这就改。"

编辑说:"将小说作者的名字改成×××(一位网络小说作者)就OK啦。"

作者不语。

试想,如果编辑不说反语,直接跟作者说:"这篇小说是你抄袭×××的吧?"那会让对方感到很难堪。这里,他巧妙地运用逆向思维,有意转化句式表达语意。如此,一方面委婉地表达了自己的本意,另一方面也便于让作者接受。

2. 说话有度,替人着想

一般情况下,说反话都带有较强的针对性与讽刺效果。所以,在表达的时候一定要把握好度,尤其是要注意当时对方的心境,要注意话既不能说得太满,也不能模棱两可,让对方不知所云。

一次，张总在办公室接待了一位客户，由于对方占用自己的时间太久，张总想尽早结束谈话，于是说："不好意思，我还有事情要忙，今天就谈到这里吧。"客户感觉自己受到了冷遇，在私下里说张总这个人为人处世很差劲。

事后，张总也觉得自己当时的做法欠妥。后来，他非常注意和客户结束谈话的方式。有一次，也是有顾客登门拜访，一直跟他东拉西扯，聊个没完，而下午公司还有会要开，于是张总就对客户说："你看，我们只顾谈话了，你们还没有吃饭吧？我这就叫人去安排。"对方听后，连忙起身说："不用了，不用了，谢谢张总。"然后非常客气地与他道别。如此做法，不但场面好看，还达到了结束谈话的目的。

由此可见，逆逻辑表达也要讲究度。把握不好度，不仅容易冒犯对方，还可能把关系搞僵。为此，一定要把握好说话的语境、用词，以便创造融洽的谈话氛围。

3.逆向表达以"迎合"对方的观点

在谈话中，对方想要表达某种观点的时候，我们可以结合自己的真实想法，适当地"正话反说"或者"反话正说"。比如，当你认可对方的观点时，如果直接附和"对对对"或是"好好好"，那敷衍的意味就很浓，所以这不是一种理想的谈话方式。若想引起对方的注意，可以把"反话"正过来说。比如，对方说某地的房价最近可能要下降，你也认同这个观点，这时不妨这样说："当地的经济与居民收入不能支撑高房价，有人坚持认为房价还会上涨，这个观点我不敢苟同。"相反，当你不同意对方的观点时，也不要急哄哄地说"错啦，错啦"，"不对，不对，你听我说"。你可以顺着对方说"反话"，这样的结果就是皆大欢喜。

不论正话反说还是反话正说,只是从形式上转换了说话的角度,本质是一样的,即要表达与原意恰好相反的意思。

拒绝尬聊,逆转思维找话题

在一些社交场合,我们时常会因为与他人没有"共同语言"或者不知说什么好而感到不知所措。为什么会出现这样的情况呢?有一个重要的原因,就是找不到共同的话题。特别是在跟陌生人聊天的时候,要善于寻找话题。

对于大多数人来说,找话题的逻辑无非是:我今天看到了什么,听到了什么,然后附加一些个人的观点和评价。

相比之下,聊天高手的逻辑是:我平时是什么样子,但今天很特别,如何特别,你认真听我说。或者是这样的:我看到了、听到了和你们一样的东西,但我的想法与你们不同。

说白了就是,聊天高手善于运用逆向思维。他们涉猎的话题可以非常广泛,比如说从春秋战国到美苏称霸,再到如今的中东局势;从李白、苏东坡,到巴尔扎克……无所不知,无所不谈,而且雅俗共赏,让人觉得有料又有趣。与这样的人聊天,会让人由衷地产生一种畅快感。

那么,如何练就没话找话的本事呢?除了增加知识储备,还要学会逆转思维找话题。

1. 巧设悬念,避免直来直去

我们经常发现一些脍炙人口的段子在朋友圈转来转去。这些段子为什么会如此吸引人呢？主要是因为其运用了逆向思维，即打破常规的叙述方式，要么结尾反转，要么在开头设置悬念。

在找话题时，也可以参考这种形式，比如："真是没想到，之前我以为……然而今天我发现……"再如："我一直以为小李是个文静的乖乖女，不曾想，最近发生的一件事，颠覆了我对她的认知啊。"

一般来说，在设置话题悬念时，可以从四个方面入手：一是自己身边的人与事，二是自己的特殊经历，三是看到的某种现象，四是自己的经历与感受。

2. 先表达观点，再说明理由

就某个大家比较关心的话题进行探讨时，可以一反通常的做法，先亮明观点，然后讲理由A、B、C……比如，在会议上发言时，先表达自己的观点，再陈述理由。现实中，更多的人喜欢把它们的顺序颠倒过来，即先长篇大论，最后总结个人观点。很明显，第一种表达方式更吸引人。

同样的道理，在选定某个话题后，可以运用这种思维，即先抛出自己独特的观点，再表达自己的理由。比如，你说："男女之间存在纯洁的友谊吗？我认为没有。"再如："姐弟恋真的靠谱吗？确实不靠谱，这一点我深有体会。"也就是说，可以先抛出一个略带争议的话题，顺势表达一下个人"另类"的、有新意的或是有点儿惊人的观点，这样很容易激起他人接话的欲望。

3. 少自说自话，反向考虑对方，照顾对方的"兴奋点"

与他人沟通时，每个人都有自己的"兴奋点"。一般来说，像个人的成就、优势、过往的得意之举等，都可能是聊天中的"兴奋点"，而且人们也很愿意把这些拿出来与人分享。会聊天的人，很注意照顾对方的"兴奋点"，从而避免自说自话。

 逆向思维

豆豆读小学五年级，性格腼腆，特别喜欢玩电脑游戏。由于学习成绩一般，他很排斥别人和他交流学习成绩。每次，舅舅来他家都不会问他："最近成绩怎么样？作业完成了吗？"而是和他聊游戏。一旦开始聊游戏内容，豆豆就显得很兴奋，而且滔滔不绝。接着，舅舅会把话题引到学习上："你玩游戏这么厉害，脑子一定很聪明，如果把它用在学习上，那你一定会拿到好名次。"豆豆也很认同舅舅的这种说法，开始努力学习。平时，当他学习成绩有进步时，舅舅就会给予他一些鼓励，并让他讲一讲学习心得，对此，豆豆总是津津乐道。

特别是在与陌生人聊天时，要想场面"好看"，就一定要快速地找到对方的"兴奋点"。比如，一个女子长得一般，但你可以说："你的皮肤好细腻，怎么保养的呀？"对方嘴上可能说"过奖，过奖"，心里却美滋滋的，并且很乐于分享她的护肤技巧。

4. 提问要开放，少问封闭式问题

好的聊天场景要有问有答，问得巧，答得妙，才会有源源不断的话题。在问对方问题时要掌握一个技巧，即，要多问开放式的问题。有些人是典型的"话题终止者"，因为他们问问题是由着性子来的，所以总是问一些让对方难以回答或是没有意义的问题，结果很快使对话结束了。

例如，小张在接待客户时，这样问："你做这行也多年了吧？"

"不多，5年。"

"5年？"

"是的。"

"从哪一年开始做的？"

"呃，你等等，我去打个电话。"

像小张这样的问题，既没有技术含量，又显得无趣，客户当然不愿意回答。

其实，他可以这样问对方："你是如何看待行业前景的？"或是："你作为一位资深专家，对行业新人有什么建议吗？"

问这种开放式的问题需要一种发散思维——从一个问题恰当地联想到另一个问题。如有必要，还需逆转思维，即刻意地制造一些话题冲突，或是表达一些令人惊叹的观点，以引起对方的兴趣。

许多时候，聊天不是为了解决具体问题，而是为了营造一种氛围，以促进相互了解。但是，在快节奏的今天，为了聊天而聊天又是一件挺无聊的事。所以，我们要改变聊天思维，逆转思路，尽量聊出新意，聊出情怀，聊出层次，而这一切都离不开找到一个有趣的话题。

说话太直？分明是脑子不拐弯

如果有一天，有人这样对你说："你这个人真是耿直，快言快语"，或者"你真是个直肠子"，那你是把它当表扬的话来听，还是当批评的话来听呢？大多数人会认为："这肯定是在夸我，说话直接不正说明我性情率真、为人坦诚嘛！这是一个人的优点。"

错了！坦诚不一定要直来直去。这就好比一个人说："我这个人说话太直，有说错的地方，你不要太在意哈。"说话者要表达的意思是：我这个人说话不会拐弯抹角，有一是一。言外之意是我这个人没有心机、为人

 逆向思维

耿直,如果我说错啥了,你可以否定我的话,但你不能否定我这个人!

其实,这是一种变相的自我标榜。一个人说话太直,不在意他人的感受,还不让别人介意,这种逻辑本身就很荒谬。

言为心声,语言是经过大脑组织后才说出来的,难道你说话的时候不过脑子、不用心吗?既然过脑子,那说了错话,就一定是思维有问题。反观那些过脑子、用心说话的人,他们很少直来直去,且与人交流的成本很低,为什么?因为他们善于逆向思维——不仅不会让听者损伤脑细胞,还让人听起来感觉舒服。

所以,"我说话太直"不应成为伤人的借口,更不应成为自我开脱的理由。聪明的人在表达个人观点前都会做逆向思考:如果我是对方,是否愿意听这样的话?因为己所不欲,勿施于人。

公司的年度总结会议上,销售部陈经理作了工作汇报。在他发言的过程中,小刘注意到一个数据是错的,于是当即打断陈经理的发言,说:"错啦,错啦,那是2019年的数据。我没记错的话,2020年的订单数应该是302万元。"其实,老板也发现这个数据有问题,但是他没有当面指出。小刘指出来后,陈经理一脸尴尬。老板批评陈经理工作太粗心的同时,表扬小刘说:"小刘做事认真负责,这一点大家有目共睹,也希望大家都发扬这种精神。"

事后,有人对小刘说:"你可以私下指出陈经理的错误,在会上当着那么多人的面说,多不给陈经理面子呀。"

小刘说:"我这个人说话直。再说,大家都是为了工作,相信陈经理不会计较的。"

这个案例中，小刘之所以要当面指出陈经理的错误，是因为他缺少逆向思维，不会站在他人立场上为他人着想，保护他人自尊，是典型的"一根筋"。他认为，在这么重要的会议上能发现上司的错误，并把它指出来，足以证明自己的优秀，这样的机会自己当然不会错过。其实，这种做法根本就证明不了什么，只能说明他的情商有问题，说明他思考问题的方式有问题。

所以，说话要注意别人的感受，该拐弯的时候不要太直，该直的时候也要带着脑子用点儿心。具体来说，就是要把握好如下四个说话技巧：

1. 说话不带刺，注意别人的感受

有一次，周小姐与闺蜜聚餐。饭间，闺蜜聊到自己的包包，说："这是我刚买的新包，如果不是非常喜欢这个款式，我真舍不得买，它可是花了我一个半月的工资呢！"

没想到，周小姐来了一句："看着像地摊货，太不值了。再说，现在像这样高仿的东西都满大街了。"

闺蜜一时语塞，心中五味杂陈，不知该说什么好。

其实，周小姐想表达的是：你花这么高的价钱买这个包性价比不高，真包与假包看上去没有什么区别。事后，她也没把自己说的话当回事儿，但她的闺蜜认为，周小姐在嫉妒自己，只是不愿承认。

可见，说话带刺会无意中得罪人，更可怕的是，得罪了人，我们还不知道。甚至有人告诉我们："你说话太难听，×××有些不高兴了。"我们可能还会一脸的问号："不会吧？我说什么了？"

这代表我们缺少同理心，不注意换位思考。故而，在说话前一定要考

虑他人的感受,哪些话能说,哪些话不能说,一定要提前在脑子里过一遍再出口。

2. 说真话不等于说难听的话

如今,时代在变,良药未必苦口,真话也未必逆耳。真话也可以说得悦耳动听,关键是我们的思维要会适时转弯,不把真话说成丑话。

一次,小张与同事出去逛街,碰到一家服装店正在搞促销,同事想趁机买一条裤子。他试穿了一条,问小张好不好看。

小张说:"没想到你穿这条裤子也挺有男人味嘛……"

同事听后,啥也没说,随后换回自己的衣服,然后找借口说家中有事先回去了。

小张知道同事在生自己的气,但也不好说什么。

其实,小张的本意是说这条裤子可以衬托出男人的气质。但是,说者无心,听者有意,小张冲口而出的话让同事觉得小张在说自己没有男人味儿。

在生活中,要想避免自己的话被误解,或是产生歧义,一定要先清楚自己想表达的是什么。如果要夸别人美,就直接说:"你长得真漂亮";如果想给别人提意见,那就直接说出来,比如:"我有个不成熟的小建议……",不要不友好地含沙射影,一句话附带多层含义。

3. 考虑多数人,也要照顾少数人

在人多的场合,你说的话不可能让每个人都满意,或者照顾到每个人。这时,就要注意表达技巧了。比如同学的聚会,一共有12个人参加,即使有10个人是自己的老乡,这时也不便讲方言,特别是你们的方言别人听不懂的时候，会让其余的两个人感觉非常尴尬。

如果你们有10个人，哪怕其中有9个都是自己的同事或同学，只有一个不是，那也不要只讲自己公司或是上学时的事情，否则，余下的那个人会觉得无话可说。适当照顾一下少数派，讲一些他也能参与的话题，不要让他觉得自己被疏离。

人都是怕被孤立的。可以换位思考一下，如果是你被排斥，被边缘化，那么，你的心里会舒服吗？所以，与人交往不可厚己薄人、顾己失人。这是一种修养，是一种对他人的尊重。

4.非要炫耀的话，可以顺便讲下自己的糗事

如果你非要炫耀自己的成功，那么，请一定要附送你的糗事！这样才可以化解你的成功给别人带来的不适，同时避免引起他人嫉妒。如果你非要说"我用三年时间做到上市公司高管"，请加上"是我碰到了一位好老板，不然的话，我还在工厂的流水线上打工"；如果你非要讲"我刚换了一个大房子"，请加上"身上背着100万元的贷款"……

平时与人沟通特别是在进行即兴表达时，要尽量少些直来直去，多些逆向思维，只有这样，才能把难听的话说得婉转动听，把动听的话说得更具感染力。

笑纳吐槽，坏事也能变好事

没有谁愿意被人嫌弃，愿意接受别人的吐槽，但是，很多时候你不愿意，别人就不吐槽你了吗？当然不是。

逆向思维

面对吐槽，我们会表现出两种心态：

一种是"即便我的样子如你所说，那我也不允许你这么讲"。因为我们知道，别人吐槽的恰恰是自己存在的问题，或是自己的短板。这些问题与短板是自己的"痛点"——从维护自我维护自尊的角度来看，自己说可以，别人说不行，至少别人不可以公开说。

另一种是"我没有你说的那么不堪，而且我非常在意自己的形象"。别人吐槽的内容可能是真实的，也可能是不存在的，是某种情绪渲染下的内容。不论如何，被人吐槽都不是一件让人开心的事。所以，面对吐槽，我们会反击，会认为那是"污蔑"，是在破坏我们的形象。

生活中，经常被人吐槽，表面上看是语言使用、沟通方面的问题，实际上是人际关系这片海域出现了漩涡。漩涡有大有小，势头有强有弱。但是，不论大小强弱，只要置身其中，就很难从中解脱出来。

为了解决掉这个烦恼，聪明的人会使用逆向思维，以退为进，以静制动，在"笑纳"吐槽的同时展现自己的高情商。

张老板经营着一家小厂，他业余时间喜欢进行网络直播，有百万左右的"粉丝"。因为他说话比较耿直，偶尔还会说一些"大话""胡话"，所以，他每次上线直播时总有一些"黑粉"在下面称他为"张大炮"，说他整天不务正业，只会吹牛、忽悠人。起初，他会让房间管理员把这些"黑粉"禁言。一段时间下来，人气掉得很厉害，他这才发现，原来直播间一半的热度是"黑粉"贡献的。

面对一些"粉丝"的吐槽，他后来干脆欣然接受："叫'张大炮'有啥不好？既然你们叫习惯了，那就叫'张大炮'好了。"因为他幽默、调侃的语言风格，以及一些很接地气的故事，人气上升很快，一些"黑粉"也陆续成了他的"铁粉":"不来吐槽几句,连觉都睡不好。"

生活中,善于逆向思维的人,不但会"笑纳"吐槽,甚至会直接吐槽自己的"槽点",而不会拍桌子、瞪眼睛,去正面反击。

在现实生活中,我们该如何运用好逆向思维,去理性地对待他人的吐槽呢?

1. 面对吐槽,先反赞一把

别人当众吐槽你的时候,你可以反过来赞美对方几句,这样做的好处是,一方面会显出你的胸怀格局,另一方面会让对方感到出其不意。也就是说,这种反向操作能让你从容、优雅地应对他人的无理与刻薄,并能正面避开锋芒,实属高招。

有一位女演员40多岁,但是经常在剧中扮演20岁左右的学生,因为展示的形象差距太大,引来了观众的吐槽:

"真是看不下去了,分明是大妈,居然还装嫩,这个导演是有多缺人!"

"她的身材看上去有些强壮,而且皮肤还比较黑,哈哈哈。"

"身材不好也就算了,声音还那么哆,台词还非常时尚。"

…………

观众的这些吐槽也很快传到了这位演员的耳中。她没有尖锐地回怼观众,而是在一次采访中,语气温婉地说:"现在的观众不但懂戏,而且审美水平越来越高,我们做演员的压力也非常大啊。这里,我也非常感谢大家给我提的一些建议与意见,从现在起,我一定要注意管理好自己的身材。真是特别感谢大家的关注。"

出人意料，面对观众的吐槽，这位女演员的回应大气、得体，在个人形象话题之外，让人看到了她的另一面。如果她尖锐地回怼观众，即使不致人设崩塌，也会引来更多的非议。

如果对方吐槽一句，你回怼一句，那就是不明智的做法。换一种思维，像这位女演员一样反过来夸奖对方，不但会瞬间拓展自己人际交往的格局，还能巧妙地将双方之间的纷争化解于无形。

2. 反向形成，肯定对方的意思但仍维护自己的

什么叫反向形成？反向形成即把无意识之中不能被接受的欲望和冲动转化为意识中的相反行为。心理学家认为，所有过分的情感都可能是反向形成的表现。当我们过度地去强调一些东西的时候，那恰恰证明，我们内心很可能有与之相反的东西存在。

例如，有人一而再、再而三地对你说："你该减肥了，看你已经胖得不成样子了。"从这句话中我们基本可以推断出来，对方没有你胖，甚至我们可以做进一步大胆的假设，他很可能身材偏瘦——甚至希望自己可以适当增加些体重。

所以，面对一些吐槽的时候，不仅不要过分在意，不要与其斤斤计较，相反，还要表现得落落大方一些。即使内心很不爽，也要尽量谦和、虚心地接受，想办法控制脾气，表现得心平气和些。

大学毕业后，小刘就到北京寻找机会。在北京待了4年，因为压力大，所以便回老家县城做一些小买卖，生意很不景气。此时，当初与他一起当"北漂"的小张已是一家公司的小主管。一次，小刘和小张聊天，问小张："你什么时候回老家发展啊？"

"暂时没有考虑过。"

"那你总不能一辈子流浪吧？你在北京能买得起房吗，孩子上学怎么办……"

"哦，也是啊，你说得不错，但是，我现在不想回去。"

"你在北京一个月赚几千块，能够做什么。就是赚两三万，也只够生活，还不如小县城赚两三千舒服呢。真不知道你图什么。"

小张说："是啊，是啊，生活谈不上，只能算活着。我很向往你自由自在的小老板的生活。"

这个故事中，面对小刘的吐槽，小张没有正面反驳，而是肯定了他的观点。其实他清楚对方为什么要这么说。如果这个时候你正面反驳，那就很容易形成对立关系。所以，最理智的做法就是来个反向形成，不把别人的吐槽放在心上，像没有发生过一样，然后告诉他：你说得对，非常对。而自己依然是自己，不受影响。

3. 善于自黑，变槽点为笑点

生活中，如果面对密集而猛烈的"炮轰"，那么，普通人的心态可能早就崩了，聪明的人却可以用逆向思维轻松化解尴尬，甚至可以借机刷一波好感。

某位非常有实力的演员，在他的演艺生涯中，曾因为自己的相貌遭到无数的质疑、吐槽。有一次，他参加一档综艺节目，主持人为了活跃现场氛围，有意调侃他的长相特殊。这位演员知道，这是在说自己长得丑，只是话说得比较委婉而已。于是他自黑道，自己的长相尚属于婉约派，没想到后来变成了抽象派。这样巧妙的回答既不让自己和主持人尴尬，又制造了笑点。

逆向思维

不论什么场合，面对别人的吐槽时，这位演员都显得非常自信。他不纠结于别人是否有意嘲讽他，而是习惯变"槽点"为笑点，表现和展露出让人佩服的口才和逆向思维。在生活中，面对他人吐槽带来的不适，我们可以通过幽默、轻松的方式来化解，即把自己的"槽点"变成让大家轻松起来的笑点。

可见，被人吐槽并不一定都是坏事，它不但可以检验你的品性，考验你的应急思维能力，还可以为你变相地提供展示个人魅力、智慧与格局的机会。所以，善于逆向思维的人，不会与吐槽者较劲，也不会有去改变对方的想法，而是会巧妙地把握住这种机会，在别人的吐槽声中实现形势逆转。

反向提出观点，提升可信度

人的思维是个奇怪的东西，有时候，你越是直接告诉别人"这是正确的答案"，他越是不相信，甚至还会提出质疑：你让我信我就信啊？因此，在说服别人的时候，不要简单地采用正向引导的方式，而要学习逆向思维，只有这样，你说出的话才更有可信度。

有个人想辞职，他抱怨说："这工作没法做了。每天累成狗，苦劳是自己的，功劳是别人的，老板却视而不见。"

办公室的同事都劝他：

"你冷静些,别那么冲动。"

"遇到这种情况要想开一些啊。"

"老板也有他的难处,等私下和他聊聊。"

…………

事实上,对于一个对公司不抱有任何希望的人,你越是这样劝说,越起不到作用,反而会触发他的逆反情绪——你们站着说话不腰疼。

如果使用逆向思维,可以这样劝说:"如果你真的不想干了,那就辞职吧。"然后告诉他:"铁打的营盘流水的兵。你不干,有人来干,地球离了谁都转,你以为拿'不干了'能威胁到老板?那你就错了。所以一定要考虑清楚。"这些话会让他的头脑冷静些。

平时,我们总是按照习惯去处理事情和解决问题,但是这样往往很难达到我们的目标。如果能换一种立场,从相反的角度去处理,事情或许就会出现令人意想不到的转机。特别是在说服别人时,一定不要自说自话,而要多考虑对方的思维方式、说话逻辑,适时从反向切入观点,这样对方才更容易接受。

1. 别站在对立面谈理解

好多人在劝说别人接受一种观点或改变某种想法时,说得头头是道,道理能讲一大堆,但始终秉持的一个逻辑是:我的想法和你不同,你要么信服我,要么信你自己。所以,不论对方说什么,都会习惯性地说:"你不要站在自己的立场考虑问题。"

事实是,如果他不服你,那么即使换个角度看问题也不一定会服气。因此,需要改变看问题角度的是你,而不是他。

 逆向思维

某公司为一个销售部门发放了1万元奖金,奖励该部门超额完成销售任务。在分配奖金时,主管说:"我自己拿7000元,你们3个人分剩下的3000元。"下属对此有异议。主管说:"我是领导,我说了算,我给谁,不给谁,给谁多少,你们无权过问。再说,大客户是我拉来的,我拿个大头怎么了?有错吗?"下属不服。主管想了想,又说:"我理解你们的心情,但是,你们也要站在公司、站在我的立场考虑问题呀,不要因为这点儿钱破坏了工作氛围。"

按照这种逻辑,纵使主管说得天花乱坠,下属不服还是不服。如果主管一定要拿大头,那就应给出一个让下属信服的理由,至少主管也要站在下属的角度来思考这个问题。

许多事情都是这样,由于一开始就把自己推到了对方的对立面,即使自己的观点再正确,也难以服人。善于逆向思维的人不会用这种方式去"推销"自己的观点,而是先与对方统一站位,统一立场,再摆事实、讲道理。

2. 反向烘托自己的观点

遇到一些我们不便、不忍或语境不允许直说的话题,需要把"词锋"隐藏,或把"棱角"打磨得圆融一些,从而使话语软化,便于听者接受。也就是说,要故意说一些与本意相关或相似的事物,以此来烘托原本要表达的意思,然后让听者自己去领悟。

古时候,一位母亲有两个儿子,大儿子开染布作坊,小儿子做雨伞生意。

从这两个儿子做生意那天起,这个母亲就开始忧愁了。忧愁什么

呢？她说："遇到雨天，我担心大儿子染的布没法晾干；如果是晴天呢，又担心小儿子的雨伞没人买。"

如果换作你，你要如何开导这位母亲呢？运用逆向思维，问题会变得很简单，你可以这样说："如果是下雨天，小儿子的雨伞肯定会卖得很好；如果是晴天呢，大儿子的染布又能很快被晾干。"如此一来，那位母亲是不是就不会愁眉不展了呢？

一些特定的情况下，通过反向烘托个人的观点，说出的话更容易让对方接受，且会收到意想不到的说服效果。

3. 把"不对"统统改成"对"

很多人都有否定他人的习惯，不管别人说得对不对，总是习惯性地说"不对，不对"，或是"错啦，错啦"，可是他们在推翻别人观点的同时又给不出让人信服的理由，这就是为了反对而反对。要知道，没有谁喜欢被人否定。在否定一个人的前提下再想去改变他，那是非常困难的。聪明的人会从一开始就把"不对"统统改成"对"。那些有学识、有修养的人与他人聊天时，很少会急忙地反对别人。他们有一个习惯，就是在听别人说话时会做出一些礼貌性的回应，时不时地会来一句"是的"，"你说得没错"，然后强调对方说得正确的地方，并以此延伸话题，谈自己的想法。

这么做有一个好处，就是先肯定对方能营造出一种良好的、互信的沟通氛围。在这种情况下，再有理有据地阐述个人观点，自然更容易被人接受。

人际交往中，一个人之所以说话没有说服力，是因为不善于使用逆向思维，一味地考虑自己，只顾谈论自己。尤其是表达一些观点时，如果正向表达容易引起对方的抵触，那么就可以反向来，先去肯定对方，然

 逆向思维

后切入自己的观点,如此更易使对方感到舒服从而愿意合作,听从你的话语。

调不在高,拉低是为了抬升

一个人说话中不中听,既与他说了什么、怎么说有关,又与他的身份、地位有关。许多时候,大家会因为喜欢这个人而去相信他讲的内容,甚至会接纳、包容他的错误。

许多公众人物的演讲中,我们注意到这样一个事实:在佐证自己的某些观点时,会引用一些虚假的案例,甚至移花接木,即把发生在别人身上的事稍做改编,说成是发生在自己身上的。但是因为他们有一定的名气、一定的影响力,听众往往会本能地产生一种信任感。

如果换作普通人,听众就会说:"这个人很假,他哪来那么多的得意之事,鬼才信呢。"这种沿街吆喝、自卖自夸的手法,只会让听众觉得好Low啊。

基于大众的这种心理,在平时与人沟通或演讲中,一定要注意运用逆向思维—— 一些情况下该高调的时候,反而要低调一点。不要理所当然地认为只要堆砌自己的成就,就一定能被人仰视。有时候,谦逊一些反而更能赢得他人的好感。

所以,越是优秀的人,在说话时越懂得运用逆向思维,并能快速建立起人们对他的信任。具体来说,该如何运用这种思维呢?关键要做好如下三个方面:

1. 降低听众的预期

当所有人对你抱有很高的期待时,先不要急着翘尾巴,那未必是一件好事。这时,你要保持头脑冷静,学会主动为自己"降温",调低听众的胃口。

> 一次,张先生参加一个行业研讨会,主持人这样介绍他:"下面请×××先生讲几句话。×××先生是××公司的创始人,也是××行业的知名专家,我们很想听听他有什么独到的见解。"其实,张先生想说的话之前大家都讲过了,他实在讲不出更有高度的见解,偏偏这个时候主持人"煽风点火",把听众胃口吊得很高。
>
> 该怎么办呢?张先生没有顺着主持人的话往下讲,而是说:"刚才,主持人讲的都是场面话,实在是高抬我了。我呢,只是入行比较久一点,算不上专家,在创业的路上,我们永远是学生,刚才听了大家的观点,受益匪浅。下面,我简单讲一下自己的一些经验吧,希望能帮到大家。"

这个案例中,张先生的做法就比较正确,他及时调低大家的预期,说一些中肯实在、接地气的话,在很好地控制了场面的同时,也给自己留出了余地。否则顺着主持人的思路往下讲,很可能把自己置于尴尬的境地。

2. 淡化自己的优势

建立与他人的信任时,我们惯用的一招是:强调自己某方面的优势。比如,你说你很有钱,人家未必相信,而如果你买一套衣服要花一两万元,并且刷卡的时候漫不经心地说:"哎呀,这个价格买到这个牌子,真是太便宜了。"这时,旁边的人听了会怎么想?肯定会想:哇,这家伙真

 逆向思维

有钱，可不是一般的土豪。

这就是逆向思维的体现。在与他人沟通时，也可以运用这种思维，不要一味地强调你在某些方面的优势，如果一定要讲，那就以一种非常平淡的口气，漫不经心地讲出来。这是一种间接展示自己的方法，为的是不引起听众的反感，同时也能降低大家的期待。正因为是间接，所以运用起来一定要把握好分寸。否则，低调就变成了没有底气，或者干脆被听众忽略了。

3. 谨慎讲述得意之事

不是得意之事不能讲，而是要谨慎地讲。如果你讲述的得意之事正是别人的不得意之事，就不可避免地会引起别人的抵触心理，想必那样的尴尬不是你想要的。再者，过分提及自己的得意之事，难免会让人觉得"此人有卖弄之嫌"。所以，要不要讲自己的得意之事，一定要从正反两个角度来分析。该讲的时候讲，还要悠着点儿讲；不该讲的时候把发言的位置留给他人，让他人去讲。

有一位大学教授，他知识渊博，因为受邀参加了一些知识讲座节目而有了一定的名声。后来，他到一些学校应邀讲学，主持人往往介绍说："这位是××大学的许教授。"他觉得这个介绍简单了点儿，名不副实，应该再丰富一些。后来，他每次讲学，主持人都这样介绍："下面我们欢迎知名学者、××大学最受同学欢迎的著名教授、××电视台《××××》栏目王牌××许老师……"他的开场白通常是："大家好。想必大家对我也有所了解，我呢，曾在50多所国内外知名大学授课，为一些世界500强企业……"

这位教授之所以将自己拔得很高，是他想借此提升自己的位势，这样做的效果会很好吗？其实不然。这样只会抬高大家对他的预期，增加他的授课难度，当他讲不出干货，或者别人认为他讲的东西"不过如此"时，无形中就会拉低他在听众心中的形象。对该教授如此，对常人也不例外。

所以，越是聪明的人，说话越低调，他们不会让人从自己的言语中听出傲气，也不会挖苦、说教他人，即使想表现自己某些方面的优势，也会照顾到别人的感觉，而不会直言不讳。

第四章
"以终为始",把握做事的主动权

许多情况下,我们做事总是很被动,且效率低下。造成这种情形的原因,不是我们能力不及,而是思考的方向错了。为了避免陷入"做事流于表面"的被动情形出现,一定要增加思维的深度,要借助逆向思维来扩大自己的认知范围。毕竟,一味地用线性思维分析、解决问题会限制我们想象的空间与能力的发挥。

 逆向思维

不要拿起锤子就想到钉子

人生路上，我们之所以会走入人生的死胡同，往往是因为我们使用惯性思维。人们在反复使用中会形成相对稳定的思考方向或模式，在这种思考模式下，大脑是最节省能量的，而如果进行反惯性思维的思考，就要消耗更多的能量。一旦这种消耗过多，就会出现在心理学上被称为"自我损耗"（由美国心理学家罗伊·鲍迈斯特提出）的现象，我们的自控力也会因此下降。

所以，即使你觉得惯性思维非常糟糕，也还是很难完全摆脱它。甚至在遇到比较复杂或是棘手的事情时，我们还是愿意用惯性思维来解决。

比如，一头牛死活不肯走，这时你该怎么办？有经验的人只需轻轻地牵着牛鼻子，牛就会老老实实地跟着走了，不费一点劲儿。在这里，"牛鼻子"就是解决问题的关键。

要快速解决问题，必须抓住解决问题的关键。许多时候，看似复杂的问题，只要运用逆向思维，就可以轻松找到突破点。举个简单的例子，学生做单项选择题时，习惯先计算出正确答案，然后去做选择。这样做不是不可以，但是如果遇到自己不会做的题，还要不要一直坚持？当然不可以。这时，你可以从给出的选项出发，来逆向验证是否能得到题设，看哪个答案是正确的。这就是逆向思维。

做事的道理也是一样的。经验告诉我们，直来直去的人说话办事很难

掌握主动。如果前一步行不通，退一步也不可，该怎么办呢？往旁边走呗。思考的方向一旦错了，做出的努力越多，付出的代价可能越大。只要让自己的思维换个方向，就会发现还有别的路可走。

现实生活中，我们该如何突破思维惯性，掌握做事的主动权呢？有这么三个简单的方法：

1. 以终为始：逆向跳出思维惯性

"以终为始"是一种常见的工作方法，它要求一切以目标为导向，从结果出发思考需要完成的事项。有时一旦以结果为先，那些老方法可能就不管用了，如此一来，你必须得思考新方法，这是破解惯性思维的一件利器。

例如，2021年已经过去了3/4，现在请你闭上眼睛，好好回想一下：

你年初设定的目标完成了多少？

是不是只完成了不到一半，甚至更少？

如果是的话，那么可以确定的是，你可能与大多数人一样。

为什么我们总是热衷于设定各种各样的目标，到头来却总是完不成，拖到下一个周期，仍继续重复着同样的怪圈？

因为思维惯性。打破这种思维惯性的一个有效方法就是"以终为始"。也就是以最终目标为出发点，先将年度目标分解为多个细分目标，然后再分析哪些细分目标的制定可以提升和改进，挑选出提升和改进可以利用的关键策略，再配置实施这一策略的相关资源，从而形成完成这一目标的工作计划。它是一种从结果倒推开始、从产出倒推投入、从问题倒推策略的思维方式。

2. 认知重构：摆脱经验依赖

通常，我们曾经的选择、经验，以及取得的成就和遭受的损失或打击

 逆向思维

都会在我们的潜意识里不断强化、耦合和发酵,最终形成路径依赖,从而决定了我们当下的选择以及选择后的选择。

> 南美洲的亚马孙雨林中,有一种蚂蚁叫行军蚁。之所以取这个名字,是因为它们没有固定的巢穴,一直在四处寻找食物。通常,一只"领头蚁"会带领一群蚂蚁前行,它靠分泌一种叫费洛蒙的信息素来引路。有时,这种费洛蒙信息会是错误的,导致跟寻气味的蚂蚁在同一个地方不停地绕圈行进,从而形成一个死循环。如果这个死循环不被打破,这些蚂蚁就会一直绕圈,直至耗尽体力为止,这种现象被生物学家称为"蚂蚁死亡旋涡"(1936年,蚂蚁生物学家施奇拉偶然间发现这种死亡怪圈,后来生物学家对这一现象进行了研究,称其为"蚂蚁死亡旋涡")。

同样地,我们的大脑也容易产生"死亡旋涡"。为什么有些人遇事会想不开?为什么有些人会轻易被骗?为什么有些人看问题总是不开窍?就是因为太注重经验而缺少新的思考,从而形成一种认知旋涡。

一旦陷入认知旋涡,我们就几乎生活在惯性意识的牢笼里。经验虽然是个好东西,但是它什么时候适用,什么时候不适用,一定要有一个清醒的认识,因为过度依赖经验很容易陷入认知旋涡。

发现自己陷入认知旋涡后,就要学会进行认知重构,即改变自己认知的方式。最简单的做法就是改变过去的认知基准框架,从而将消极的表述转化为积极的表述。例如,过去锯木厂为大批的木屑如何处理而发愁,后来有人想到了用胶水将木屑压缩在一起,制造出了一种压缩木板,变废为宝。可见,许多时候,过去的经历、经验会限制我们,使我们无法换条思

路看待周围的事物从而实现突破。

3. 罗列清单：避免使用老方法

凭借惯性思维做事时，我们的举动是无意识的，使用的方法也是老方法。就像有人为了消除紧张情绪而不自然地摸鼻子、清嗓子，如果没人提醒，他是完全意识不到的。

我们难以察觉一些老习惯，与此同时，要建立一种全新的思考方式，离不开长时间的刻意训练。这也是绝大多数人突破不了惯性思维的最大障碍。那该怎么办呢？方法很简单，为自己列一个问题清单。

通常，这个清单分三个层次：第一个层次是初步层次，把所有能想到的问题分类列出；第二个层次是围绕焦点问题列出清单；第三个层次是列出难点。另外，针对每种问题，要给出解决方案，想出新方法，并注明哪些是老方法，哪些是新方法。

有句话叫："当我们手里拿着一把锤子的时候，我们满眼看到的都是钉子。"那么，从现在起，请忘掉你手中的锤子（思维惯性），做事不要过分依赖经验与惯性思维，否则很难有新的思路来破局。

逆转思维，使问题简单化

面对毫无变化的同一类问题时，用定向思维去解决，不仅节省时间而且效率还高，无须从零开始一步步探索。如果我们面对的是新问题呢？这时就需要变换着眼点，换个角度看问题。许多情况下，圆满就在于思维转换。

 逆向思维

任何一件事都有两面，而且是相互对立的。从一个方面看，问题比较难办，比较复杂，而从另一个方面看，就相对比较容易、简单。所以，当你没有思路的时候，恰恰是你需要转换思路的时候。

一位讲师给同学授课时，讲了这样一道题：

一条南北流向的河上有一座桥，长200米，桥上禁止通行。在桥的中间有一位守桥人，这个人很奇怪，他前30秒睁开眼守桥，后30秒闭上眼休息，如此循环。通常，从桥一头走到另一头需一分钟，一位东岸的年轻人要到西岸去，讲师问大家："年轻人如何在老人闭眼的这30秒钟到达西岸？"

下面的学员议论纷纷：

"这是什么问题，脑筋急转弯吗？"

"太简单啦，一口气就跑过去了，哈哈。"

"把守桥人打晕。"

讲师示意大家停下来，说："你们说的这些情况都不被允许，那该怎么办？"大家鸦雀无声。

"年轻人在走到30秒的时候，突然转过身来往回走，这时守桥人刚好睁开眼，他看到的是年轻人从西岸往东岸走，这样小伙子不就被守桥人'赶'回西岸去了吗？"

生活中，我们经常会遇到诸如此类看似复杂却转过身就能解决的问题。但是，好多时候，我们都主动放弃了，因为我们不懂得反其道而行之。

其实，大多数问题没有我们想象的那么复杂，只要善于思维逆转，就能找到更简单且有效的处理方法。

1. 大道至简：简化 ≠ 想得简单

多数时候，之所以说问题复杂，是因为我们思维简单。要让复杂的问题变简单，有时需要先让你的思维打个颠倒。真正有智慧的人会用头脑简化问题，而不是把问题想简单。

生活中，我们经常犯一个毛病，就是不善于简化问题，却习惯把一些事情想得太过简单，充分暴露了自己的思维缺陷。例如，一谈到某个人的成功，就是"全靠一张嘴忽悠"，或者"如果换作我，我也能成功"，却看不到他身上的素质——面对复杂的局面顶得住压力，经得住考验，还能把事情做得很好。为什么？因为他有自己独特的做事逻辑与思维方式。因此，你看到的问题与他看到的问题并不完全相同。你眼中的"复杂"可能是他眼中的机会，你眼中的"简单"可能是他眼中的"问题"。这就是人与人之间思维的差距。

所以，在具体解决问题的过程中，我们可以简化流程、步骤，但绝不能把问题想得太简单，更不可将简单的问题复杂化。只有这样，才能节省更多的时间，用更多的精力去做有价值的事情。

2. 反过来想：通过否定命题的方法找答案

面对一个问题，当你无从入手时，那就倒过来想。如果把答案看作 X，那你可以先研究非 X，也就是"X 不是什么"。如果 X= 在工作中如何保持自信，那非 X 就是"工作中怎么做会让自己自卑"。当你了解了非 X 的内容，自然也就清楚 X 是什么了。

特别是在求解数学问题时，数学家经常会用到这种方法。例如，在证明 $\sqrt{2}$ 是无理数的时候，数学家先假设 $\sqrt{2}$ 是有理数，然后推导出来其是错误的结论，从而证明了 $\sqrt{2}$ 不是有理数，因此它就是无理数了。

德国数学家卡尔·雅可比在解决难题时总是遵循一个策略，即"逆

向,始终要逆向思考"。他认为,梳理想法和求解的最好方法之一就是以相反的方向来重新解答该数学问题。通常,在求解一个问题时,他会写出这个问题的反面推导过程,然后从中找出解决方案。

可见,逆向思维是一种有效的思考工具,它可以让我们通过推导证明某问题的否定命题,来快速找到解决问题的方法。

3.效用为先:实用的才是有效的

通常,人们按照传统固有的思维方式去思考问题会将简单的问题变得复杂化,尤其是科研工作者很容易这样。其实,很多事情原本很简单,只是我们把它们想得太复杂。

在一所大学的一个研究室里,几位研究人员正在研究一台机器的内部构造。在这台机器中,有一个密封的配件是由上百根弯管组成的。要弄清其内部结构就必须找出每一根弯管的入口与出口,而手头又没有相关的图纸以及可以查阅的资料。所以,几位研究人员便使用一些仪器来探测机器的结构,结果不理想。有一位清洁工见他们在研究机器,停下手头的活儿观察了片刻,说自己有个方法,简单有效。众人听后,面面相觑,以为他是来捣乱的。

清洁工说:"我来试试,也弄不坏你的机器。"

"那就试试呗。"

清洁工手里的工具只是两支粉笔和几支香烟。他的操作方法很简单:点燃香烟后,深吸上一口,然后对着一根管子往里吹。吹的时候,用粉笔在管子的入口处标一个数字。与此同时,让一个人站在管子的另一头,在冒烟的那个管子上标一个与入口处相同的数字。用这个土方法,不到两个小时,就把所有弯管的入口和出口弄清楚了。

这个故事说明，不是对问题分析得越透彻就表示你解决问题的能力越强。解决问题的关键在于方法，越是简单的、实用的方法，越可能是有效的。所以，在做一件事情时，一定要先动脑想一想，有没有直接、有效、实用的方法。方法对了，事半功倍；方法不对，不仅解决不了问题，还会增加成本。

一个有思维深度和高度的人不但能看清楚复杂的问题，还能用简单的方法来解决问题，而不拘泥于形式。事实也证明，只有将复杂的工作简单化，学会砍削与本质无关的工作，抓住问题的根本与关键，用最简略的方式对问题进行表述，才能更好地解决问题。

反套路，就是最好的套路

生活与学习中，我们在解答一个问题时，往往只会给出一个"标准"答案，而且认为这个答案是具体而固定的。其实，逆转思维会发现，在所谓的"标准"答案之外，往往还有"正确"的答案。

试想这样一个场景：垃圾桶里的东西被点燃了，你能想到用什么方法快速把火灭掉吗？99%的人会自然地想到用水浇。这个方法没有错。除此之外，其实也可以用风力灭火。我们习惯性地认为，风有助于火势的蔓延，特别是在火势比较大的时候。但是在实际火灾救援中，如扑灭森林火灾行动中，消防队员通常会配备风力灭火器。用风力灭火的原理是：将高速的空气流冲向火焰，使燃烧的物体表面温度迅速下降，当温度低于燃点时，燃烧就停止了。

逆向思维

这就是我们所说的"反套路"。"反套路"就是摆脱固有认识,打破常规做法,从"最不可能",或是从我们认为的"标准"答案相反的方向去寻求解决问题的方案。在现实生活中,用这种思维去解决一些看似复杂的事情会非常有效。

据说清朝时,在沧州的南面,临河建有一座寺庙,寺门坏了之后,门口的两个石兽被丢入了河中。过了几年,僧人募捐了一些钱,打算重修寺庙,便找人在落水处打捞石兽,结果一无所获。这时,有人说:"一定是被河水冲到下游去了,最好到下游去找。"于是,人们乘着小船,带着打捞工具,顺着河流寻找,一连找了十几里也没有找到。

一天,一位很有学问的人听说了这件事,嘲笑众人说:"两个石兽那么重,怎么可能被冲走呢,一定是陷在又松又软的河沙下面,只管往下挖就好了。"众人听后拍手叫好。人们在石兽落水处挖了三天三夜,还是什么也没有找到。

就在大家打算放弃时,有位老河工路过此地。他听说后,笑着说:"只要是落在河中的大石头,就应该到上游去寻找。"众人听后,一脸的疑惑,认为他在胡说。老河工接着说:"石兽非常重,河沙松浮,水非但冲不走石兽,其反冲力还会将石兽向上游一侧的河沙冲走,这样越冲越深,石兽便会滚入坑中。因此,它会不断地向上游翻滚。"结果,大家真的在上游找到了石兽。

按照常理,有东西掉在河中,在原地或是去下游寻找才对。但是,当时掉下去的是很重的石兽,且下面的河沙又松又浮,这时,用惯性思维去分析很难得出正确的结论。在这个故事中,老河工运用逆向思维,准确地分析出了石兽的去向。

由此可见，方法本身没有对错，有时候问题之所以棘手，是因为我们的思维方向错了。方向一旦错了，便很难洞悉事物的本质与规律，更谈不上找到行之有效的解决方法了。所以，在你迷茫、痛苦、焦灼的时候，一定要多问问自己：要不要换个角度或是逆向来思考？思维方式变了，路径结果就会跟着发生改变，事情就会变得省时省力又省心。

刘大婶的老伴非常喜欢跳广场舞，经常吃饭的时候被舞伴们一个电话叫走。刘大婶怀疑老伴有猫腻，因此俩人没少吵架。有一次，和朋友聊起这事，她越想越气："老头子都这一把年纪了，还到处拈花惹草，你说气人不？"

"是啊，你用心操持着这个家，他可好，今天搂这个，明天抱那个。如果换作是我，那我可受不了。"

刘大婶一听，气得要闹离婚。接着朋友给她出了一个狠招，对她说："别急，把他的钱拿去买股票，赚了是你的，如果赔了，看他还嘚瑟！"

刘大婶觉得这招妙，但仔细一想："人都说股市如赌场，自己对股票一窍不通，怎么买？"

"随便买，专挑垃圾股买。按现在的行情，十天半个月，准能跌去一半。"

于是，刘大婶开了户之后，全仓买进了一支ST股。

一个月后，刘大婶想看看到底跌了多少，结果惊到她了："天哪，足足翻了一番！"而她与老伴的关系也并没有僵化。

这个案例中，刘大婶买股票赚了钱，凭的不是技术，而是善用逆向思

逆向思维

维——懂技术不一定能赚到钱,但要赚到钱,一定离不开逆向思维。有人会说,刘大婶明明是靠运气嘛。在股市中,没有"运气"一说,有的只是博弈思维,正因如此,所以说赚股市的钱就是赚思维的钱。道理很简单,当所有人认为某只股票是垃圾股,会"跌跌不休"时,主力往往会逆这种"跌势"而为;同样,当大家都认为某只股票会一飞冲天、持续上涨时,主力也会逆这种涨势进行操作。

其实,很多事情都遵循这样的发展逻辑,特别是在有博弈、有角力的地方,反套路往往是最好的套路。尝试从不同的角度考虑问题,即使遇到常识,也可尝试颠覆它,或者质疑它,只有如此,你才有可能在别人走过的地方以外再走出一条新路来。否则,你明明在沼泽中,却很可能以为在天堂。

做事要真,但也不要忘了"虚"

生活中,大家都喜欢真诚、实在,而不喜欢虚头巴脑的人。当我们评价一个人"这个人很假",或是"很能装"时,一定是带着某种厌恶之情,甚至是偏见。与此同时,我们会天然地认为:我这个人很真诚,很务实。

做真人、说真话是好事,是值得提倡的。但是,凡事有两面,有时我们需要反过来看问题:

如果别人直接指出你的问题,那么,你是否能坦然接受这种"真诚"?

如果你认为上司低能,那么,你会不会明明白白地告诉他"你不适合做我的领导"?

病人得了癌症，作为医生，你要不要先撒个善意的谎言？

对于别人的尴尬事，要不要佯装不知？

别人问候你"最近挺好的吧？"要不要说"不好"？

············

如果让你活在这种"绝对真实"的世界里，你真的会快乐吗？

所以，务实谁都懂，但务虚不见得每个人都明白。不要一提"虚"，就急哄哄地去否定。虚，有时体现的是一种情商，更是一种逆向思维。在现实世界中，我们渴望真实，但也离不开"虚"，而且有些"虚"的东西更令人有价值感，比如，善意的掩饰，人生中很多看似不必要的仪式，一些社交礼仪，等等。

    王先生的朋友是个本分人，大家对他的一致评价是：人很实在，就是脾气有点儿倔。有一次，他去朋友家做客，被留下来吃饭。

    朋友问他："今天不开车，要不要喝点儿酒？"

    王先生说："不喝不喝。"

    朋友说："你是真不喝还是假不喝？"

    "是真不喝。"

    "那我就一个人喝了啊。"说罢，朋友就打开了瓶盖。

    王先生只吃饭菜，朋友一杯接一杯，"吧滋吧滋"喝得起劲。王先生憋不住了，说："看你一个人喝没劲儿，我陪你几杯吧。"

    朋友不解："你刚才明明说过不喝的呀。"

    王先生急了："你这个人真够实在的。我那不是跟你客气几句吗？你再劝我两句我不就喝了。"

    朋友心里很委屈："你这个人也太假了，想喝就喝嘛，为什么

逆向思维

要装?"

王先生就这样"得罪"了朋友,还落下个"虚"的名声。

这个案例中,朋友认为王先生做人很假。其实不然,换个角度看,这是一种文化,说得通俗点儿,叫"客套"。既然是客套,当然就不能太认真,还好两人是朋友关系,没有因此而产生误会。

尤其是在社交场合,大家都非常讲究客套。比如,你明明想贪几杯酒,却不能自己直接说"我想喝",要喝也得有个合情合理的"借口",或者在没法推却的情形下变"我想喝"成"你要我喝"。如果别人一让就喝,那也有失体面。

比如,H请几个朋友去吃饭,途中偶遇同事X。H说:"真巧,在这儿碰到你。这几位是我的朋友,走吧,大家一起去吃个饭,顺便好好聊聊。"X觉得H人很热情,大家又是同事,便没多想,就跟着一起去了。

这其中,H只是礼节性地邀请一下X,但X信以为真,毫不含糊地答应了,说明X没有做这样的思考:自己原本是否在对方的邀请名单之列?这种临时性的邀请是出于真心还是礼节?如果实在想不明白这些问题,可以倒过来想一想:如果不是偶遇,那么自己还会被邀请吗?当然不会!

可见,务虚在现实生活中也是非常重要的。但是,务虚也要有理、有节、有度。过度的务虚看似让人有面子,讲了排场,却容易让自己背上沉重的心理包袱,同时还会拉低自己的格调。

C女士是一家公司的出纳。她说自己只混有层次的圈子。有一次,她花10多万元让朋友从国外代购了一款名牌香包。包拿到手的那一刻,她喜欢得不得了——好马配好鞍,美女配香包。

平时，朋友见了，总会夸上几句：

"这个包包好漂亮呀，让我背背好吗？"

"我得赶快挣钱，争取也买一个犒劳一下自己。"

"你背上这个包包，女神气质也立刻出来了。"

遇上不开眼的，会来瞪着眼珠子说：

"10万块？太假了吧，网上100块的和这个一模一样。"

"你一个月工资5000元，不吃不喝要攒两年，真的搞不懂。"

其实C女士从来不知道，背后好多人都在说她这个人很能装。

包确实是货真价实，为什么她背在身上，就会让一些人产生"要么包是假，要么人很假"的想法？这就说明了平时生活中我们可以务虚，但不要过度，以免被人说不诚实。

虚和实是一个事物的两个方面，地位是完全对等的，这就如同一个人的左脸与右脸，一个正常的人不能只有左脸而没有右脸，缺少哪一边都不能形成一张完整的脸，更不可能有一张漂亮完美的脸。

在做一件具体的事情时，在不同的阶段应该有不同的重点，什么时候主要务虚，什么时候主要务实，一定要做具体分析和决策。既不要做一个极端的现实主义者，也不要虚火上身，脱离实际。虚中有实，实中带虚，虚实相依，这样才是最好的状态。

 逆向思维

转换思路，化被动为主动

我们都有过被动做事的经历，被动做事就是逼迫自己离开思维的舒适区，去做一些短期内让自己不舒服却在长期看来会有好处的事情。通常，被动做事的效率低下，且思考问题的思维深度与宽度不会太高。

在街上，我们时常看到这样的场景：在路边发传单的业务员经常会把传单强行递到行人手中，要不就是往路过的汽车车窗里塞。短时间内，他们可能会发出上百份传单，但是真正看的人寥寥无几，多数传单会被直接丢弃。

现在对这种做法做一个简单分析：首先，发传单的行为是被动的。因为发传单的业务员认为自己的工作就是发传单，至于有没有人看，那是另一回事。只要把所有传单发出去，就算是完成任务。其次，这种做法效率很低，而且成本较高。比如，公司是做少儿英语培训的，业务员把大部分传单都递给了中老年人，而很少给年轻的父母，自然，给到真正有需求的家长手中的就更少了。结果呢，传单是发出去了不少，但功夫基本白做，因为没有多少效果。

其实，看似简单的发传单，实质上也是个思维技术活，也需要逆向思维——传单本身不值钱，但找到对的客户值钱啊！看下面这家健身馆是怎么做的。

有一家健身馆，老板经常让员工到人多的路口、超市门口发宣传单，但他有一个看上去很奇葩的规定：宣传单不能随意发，只发给那些身材好的人。开始，一些员工觉得莫名其妙。后来他们发现，老板之所以这么要求是有道理的：如果把传单发给胖子，胖子很少会接，即使接过来，也会瞅一眼后就丢到垃圾桶。为什么？

因为逆反心理。在你把传单塞到他手中的那一刻，其实等于在暗示他："喂，老兄，你该减肥了，要不要来我们家减减肥呢？"十个胖子有九个会想：这对我有一种隐隐的歧视。而把传单发给身材好的人就不一样了，他们会潜意识地认为：瞧，他觉得我身材还是蛮不错的嘛，要不也不会注意到我，看来他们挺懂健身啊。如果价格合适、服务好，可以体验一下啊。所以，这家健身馆的生意非常的好。

仅从发传单这一事可知，这家健身馆的生意之所以好，是因为采用了主动思维思考得出的待客之道。不论做人还是做生意，一旦学会主动思维，做起事情就不再被动。我们做事之所以被动，往往是因为懒得思考，习惯敷衍了事。所以说，两种思维产生两种行动，两种行动造就两种结果。

那么，如何变被动为主动，养成高效做事的习惯呢？这里给出三个技巧。

1. 先聚焦容易的部分

我们处理问题的思维模式通常是：遇到问题，先深入研究，直到找出解决问题的具体方法和步骤。其实，除了这种思维模式外，还有一种思维模式，做法是：先聚焦较容易的部分，再循序渐进，不断增强信心与动力，一步步走出自己的舒适区，解决难点，问题也就迎刃而解了。

 逆向思维

例如,在学习一门课程前,我们往往比较有信心,但是在学习的过程中,会碰到越来越多的难题。逐渐地,我们会把它们视为学习的障碍,甚至会开始怀疑自己的学习能力:我是不是比别人笨?我的学习方法是不是有问题?等等。

其实,不是我们笨,是我们聚焦的点有问题。学习要先易后难,这是规律。做任何事情都是这样的思路:先聚焦容易的地方,避开复杂的部分,这符合做事的逻辑。另外,从心理学的角度看,先解决容易的问题有利于我们迅速建立起强大的心理优势,这种优势会带来足够强大的信心与动力。如果一开始就遭遇难题,那么精力和耐心被消耗,人们会逐渐产生挫败感,对接下来的工作缺少信心。

2. 转换思考问题的角度

处理一些问题时,之所以手段受阻、方法失灵,是因为我们选错了思考的方向。例如,同样是抚摸一只小狗,你顺着毛摸它,它会很享受,反之,它会很不舒服,且认为你不友好。也就是说,想让事情有积极的变化,我们首先要有能引发这种积极变化的办事思维。

有个学生,从小学到初中,是出了名的"挨批专业户"。但是,不管哪位老师,都改变不了他在课上捣乱或说话的毛病。而且,老师批评得越厉害,他的逆反心理就越强。后来,有一位老师改变了"对付"他的策略。他不再批评他,而是表扬他。平时,老师会刻意地让他帮忙办些小事,在课堂上也选择忽略他的行为。这位老师经过一段时间的观察,一次,在课上对大家说:"同学们,你们发现没有,××同学在课堂说话的次数越来越少了,大家给他鼓励!"之后,只要他有好的表现,老师就不失时机地表扬他。就这样,经过老师多次

的表扬、肯定，他在课堂上竟渐渐变得安静了。

这个故事中，那位捣蛋的学生被批评惯了，对批评有了相当强的"免疫"能力，与挨批相比，他最害怕的反倒是表扬。所以，在做一件事情的过程中，如果付出了足够的努力却收效甚微，那就要认真想一想，要不要转换思考问题的角度，采取另一种手段，比如逆向来。

3. 角色互换，颠倒主次关系

当问题比较棘手时，可以反向思考一下主体之间的关系，从而找到另一种解决问题的思路。比如，孩子不愿意做课外作业，不论家长批评还是鼓励，孩子都听不进去，怎么办？这时，可以思考一下两者之间的关系，并向孩子提出这样的反向建议："我来做作业，你来检查，怎么样？"孩子因为角色互换，很可能会非常高兴地答应，并且把家长做的作业认真检查一遍。在检查的过程中，发现很多题都做错了，家长问错在哪里，孩子会认真地解答。其实孩子不知道，原来家长是有意这么做的。

这样一种巧妙的角色互换在生产、经营与管理中也比较常见。比如，在过去的工厂中，工人总是围着机器和零件转，每个人都累得半死，效率还比较低。后来有人改进了生产流程，即人不动，让零件动。逐渐地，这种生产方式发展出如今的流水线，生产效率大为提高。

所以，做事要高效，要让自己有更大的进步空间，需要改变的不仅是习惯、方法，还有思维。因为一个人的成长速度与他的思维模式之间息息相关，而且人与人之间的差距也是因为思维被拉开的。

 逆向思维

避免落入逆火效应的陷阱

我们经常会思考这样一个问题：为什么改变一个人很难，哪怕是你最了解的人？

因为逆火效应。

那么，什么是逆火效应？

逆火效应指的是当一个人碰到与自身信念相冲突的观点或证据时，除非他们能彻底摧毁原有信念，不然，只会强化他们原有的信念（参见美国心理学会出版发行的《人格与社会心理学》杂志）。

这是因为，我们在作一个判断时，会遵循两种机制：一是先掌握证据，再作出结论；二是先给出结论，再去寻找证据。而且我们都喜欢努力地去印证自己的观点正确。当某种观点进入我们的头脑，并被我们接受、认可后，我们就会保护它。同样的道理，当我们不接受或是排斥一些观点时，逆火效应就会保护我们原来的信念。所以，当有人想要改变你的想法，或者是想要纠正你的错误时，你很可能会变得更加固执。

这种效应与一个人的认知有关，而且神经生物学也证明了这一点（参见《高效大脑工作法》，[英]艾米·布兰著）。有生物学家做过这样一个实验：

生物学家给一些学生看几组数据，学生们相信其中的一些，而不认可另一些。在对这些学生的头部进行扫描时，生物学家发现，当学生们相信

看到的数据时,其大脑中与学习相关的区域的血液速度流动更快。当学生们不相信一组数据时,其脑部的学习区域没有反应,而与努力思考和压抑思考相关的区域会出现积极的活动。

于是,生物学家得出了一个结论:如果为他人提供了与其错误认识相反的事实,就很难指望他们改变自己的想法。因为在你提供事实时,他们的大脑会极力阻止他们承认事实。所以说,我们永远不要指望可以通过一两次交谈就能彻底改变他人的错误认知。

这也可以用来解释生活中的一些反常现象,比如:

误入传销的人,你越是让他相信"这是传销,是骗人的",他越是不相信。

一些老年人非常相信保健品的功效,而听不进子女的劝说。

…………

如果你的"更正"与对方的潜意识相冲突,那只会强化他的"错误"认知。也就是说,这种"更正"非但不会改变他的想法,还更容易造成逆火效应。

那么,在现实生活中如何避免陷入逆火效应呢?

1. 不要习惯性地为自己开脱

喜欢为自己开脱的人有一个思维习惯,就是爱解释。举一个简单的例子:一个人今天上班迟到了,但是又不愿意面对这个事实,于是给出一堆理由:"周一路上实在太堵了""昨晚加班到深夜""临时处理了一些事情,耽误了些时间"等。

一个人做错了什么的时候,总是首先会想到从外界找原因,这说明他本能地认为"我没有错,都是别人或外界的问题"。这是一种习惯性的防卫。它就像我们头顶的天花板,会限制我们上升的空间。我们需要做的就

是捅破它。如果真的做错了,那就在合适的场合下干脆地来一句:"是我的错。"这比绞尽脑汁寻找借口要好得多。认识到自己的错误,或是承认自己的无知,是提升个人认知的第一步。

2. 区分事实与观点,阐释有技巧

事实是客观的,在人们口中有真假之分。事实是真实发生的事情,且具有唯一性。每个人都要尊重事实。如果自己以为的事实并不是真的,那就要修改自己的想法。

观点是主观的,它没有真假之分。观点能体现个人的价值观和兴趣偏好。每个人都可以有自己的观点,当然,也不能强求别人接受你的观点,别人也不能强求你改变观点。在阐释自己的观点时,应该分清事实与观点,尊重与强调事实,纠正错误的观点,以对方易于接受的方式进行表述。

> 丈夫经常半夜回家,妻子对此抱怨连连,认为丈夫心里没有这个家,甚至怀疑他在外面鬼混,丈夫说:"最近工作太忙,不加班不行啊。你也理解一下我啊。"妻子认为他说谎:"谁家男人不忙,没见像你这么忙的,我看你是又鬼混去了。"于是,夫妻大战一触即发。

这个案例中,丈夫"半夜回家""工作太忙"是事实,妻子的"你是又鬼混去了"是观点。如果她不承认事实,或是坚持自己的观点,便容易造成误解。丈夫此时若想开口澄清,则需要摆一些辅证来证明自己确实是工作加班回来晚,而不能态度强硬地辩解。

3. 转换视角,保持同理心

不要凭主观臆断随意评判他人,或是以偏概全。比如,你不喜欢一个人的某种行为，不能说："他这个人很差劲。"在这个世界上，谁也不想被人作出负面的评价，不想被别人定义。特别是在人际交往中，要避免逆火效应，一定要具备同理心，要能够转变视角，适当站在他人的角度思考问题；多去想一想，对方在做出那些你不认可的行为时是怎样的一种心理，当时他的脑子里在想什么，及他是否认可你所谓的"正确的做法"。如果我们不能做这样的思考，在任何事情上都要表现自己的个人好恶，那就是缺乏同理心的表现，就是戴着有色眼镜观察世界。这样，你永远也突破不了自己的认知边界，也无法做到尊重别人。

4. 构建多维思维模型

看问题要多个角度地来，即多运用批判性思维、发散思维、证伪思维、贝叶斯思维（参见《思维模型：建立高品质思维的30种模型》，[美]彼得·霍林斯著）等思维模型去建构自己的思维模型。大家都说好的时候，要能想到它的不好之处；当大家都正着看的时候，要学会倒过来想。这会让你最大限度地保持理性、客观。在此基础上，你才能迭代或升级自己的思想。

不论作一个决定，还是想去改变被动的局面，我们总是想着如何去改变别人。其实，最应该改变的是自己，特别是当我们陷入逆火效应的陷阱而不自知时，更需要通过不断拓宽自己的认知边界来及时建构新的思维模型。只有如此，才能突破自己的认知临界阈值，提升自己的认知维度。

第五章
"逆转处世",方能实现社交自由

社交世界中,你的思维逆转得有多快,你就有多自由。要做一个处世达人,说话办事就别太一根筋,请保持好思维的灵活度——越是合不来,越要套近乎;越想表现,越要懂得隐藏;越想不吃亏,越要学会被人"利用"……如此才能拥有高层次的人脉关系。

逆向思维

和优秀的人相处，思维也要跟上

生活中，很多人的交际圈比较小，且缺少高质量的人脉，对此他们习惯性地认为，这是因为自己还不够优秀。的确，与优秀的人交往，实力是一方面，但更重要的是思维。

举个简单的例子：你非常喜欢交朋友，经常请一大群人吃饭，以为这样可以提升自己的威望。但是，大家在一起只是吃吃喝喝。一次两次还好，第三次有的人可能就请不来了，要问人情有没有？肯定有，但是关系不会太紧密。为什么？因为你们的思维不在一个频道。既然聊不到一处，碰撞不出思维的火花，我为什么还要在你身上浪费更多的时间？优秀的人请客吃饭往往不是为了聊天解闷，而是在进行资源整合。这就是不同人思维之间的差异。

Z先生是一位网络老板，有粉丝300多万。他经营着一家小厂，生意做得有声有色。每周，他都会直播三四次，要么讲一些企业经营的理念、方法，要么是与其他企业老总谈话。网友对他的评价是：为人随和，没有架子，说话办事很接地气。所以，在他直播的时候，经常有网友说："我很想去看你，向你学习一下。"他都表示欢迎："谢谢家人们的关心。你们来了，我一定盛情款待。"于是常有一些来自全国各地的网友慕名而来。

有一次，有位网友开车远道而来，并在线直播拜访Z先生的全过程。Z先生热情地接待了他，寒暄过后，双方似乎没什么话题可聊，场面有些尴尬。网友已经看出，他们说话、思维根本不在一个层次。其间，Z先生会有意无意接打一些电话，似乎也并不想继续与他聊下去。结果，这位网友开车1000多公里，只与Z先生聊了五六分钟，便主动告辞了。

还有一次，一位粉丝也是远道而来，他和Z先生见面后相谈甚欢，两人从各自的行业发展情况聊到企业经营遇到的难题，又聊了如何进行短视频运营，给人一种相见恨晚的感觉。最后，Z先生还盛情款待了这位粉丝。

人际交往中，如果思维跟不上，那么很多功课都是白做。曾经，我们习惯性地认为，我认识某个大咖，我与某个名人合过影、吃过饭，别人就会因此高看我一眼，而且我们深信：你是谁并不重要，重要的是你和谁在一起。

在思维制胜的今天，这种社交观念已经过时了。人际交往的本质其实就是一种交换；交换的根本不是你看上去的价值，而是你真实的价值——这种价值主要体现在你的思维上。2018年，巴菲特的午餐拍卖价格是330.01万美元。即使价格如此之高，购买者还是络绎不绝。究其原因，不是这顿饭有多香，而是其背后承载和代表的是名气、地位以及思维。

所以，我们想要突破自己的社交圈子，首先要突破自己的社交思维——你是什么不重要，重要的是你是否会像优秀的人一样去思考。在实际交往中，我们应该拥有怎样的思维方式呢？

1. 拓展思维：增加思维的宽带

现在，来做一个简单的实验：让一束光打在一面墙上，将你的手放到光源前面，这时，墙上会出现手的影子。如果你要改变影子的形状，那么你要怎么做？显然，你不可能去修改影子的形状，而只能改变手的姿势。

这个实验说明了一个简单的道理：只从表面下手解决不了问题。许多时候，不是人难做，事难办，是因为你的思维宽带太窄，被局限在某一宽带，无法透过现象看本质，看不到事物的内在逻辑。这一点在人际交往中体现得尤为明显。

2. 分享思维：碰撞出思想的火花

人与人交往过程中，优秀的人都非常注重与人分享，同时，也愿意倾听不同的声音，对别人的观点、意见持开放的态度。这样做的目的就是尽可能让双方碰撞出思想的火花。如果大家一团和气，说话处于"一言堂"，他们认为这样的交流是没有价值的。在分享的过程中，他们既体现出了自身的价值，又得到了更多的反馈，同时，还能看到别人身上的闪光点。

3. 反思思维：从自己身上找原因

优秀的人有一个特质，就是习惯反思。一旦人际关系出现问题，他们会认真反思，不会立刻把所有责任推给别人。

一般来说，层次低的人总觉得错在别人，自己没有错，而层次高的人常常反省自己的过错。从自己身上找问题，一想就会通；从别人身上想问题，一想就会堵。因为思维高度不同，所以胸怀和格局便不同，一个没有思维高度的人遇事看到的都是问题。

4. 整合思维：消除彼此的对立

社会心理学家认为，不同的人学习同样的东西，能够获取的价值也不同。优秀的人最大的特点是能够将所学知识不断整合，使之成为自己的东西，同样，他们也能够将不同性格、不同能力的人整合到一起，为己所用。特别是在人际交往中，他们经常会以建设性的方式处理彼此对立的观点，不以牺牲一方为选择另一方的代价。也就是说，他们通常不会二选一，而会以创新形式消除两种观点中的对抗之处，并创造出一种更好的答案，以使各方达到利益平衡。

优秀的人之所以"优秀"，主要是因为他们的思维方式与普通人不一样。与优秀的人相处，就要像他们那样去思考。很多事情你不去思考，凭感觉是理解不了的。

正看他人不顺眼，就反过来看自己

常听人说："我看×××不顺眼。"其实，看人不顺眼，问题多半出在自己身上。只是我们习惯性地把问题归咎于他人。在现实生活中，并不是每一个人的性格、品性、习惯、爱好等都与你相投，如果说凡是不符合你交往"标准"的人，你都看不惯，那这个世界将少有可交往之人。如此下去，你也只能离群索居了。

美国有句谚语："如果你指挥不了自己，那么就无法指挥别人。"当我们带着个人好恶、感情来评价一个人时，往往只专注于对方的优点或缺点。而当你习惯看别人的缺点，并借以表示自己的优秀，甚至高尚时，往往不是那个被评价的人有问题，而是自己的习惯有问题。有时，与人交往也需要逆向思维，如果正看不顺眼，那就倒过来看。

逆向思维

  小赵毕业于一所名校,能力出众,工作认真负责,但有一个缺点:个性太强。毕业后,小赵进入一家企业的研发部。刚到公司没半个月,就接二连三地和同事发生了口角。每次事后老板都会安抚老员工:"现在的年轻人个性很强,但这也不是什么坏事,大家别放在心上。"但小赵不这么认为,通过半个月的观察,他认为这些"老江湖"确实没什么大本事,水平很一般啊,有的就是在混日子,我一天完成的活儿他们要做3天,还倚老卖老,我实在看不下去。

  平时,他今天看不惯这个能装,明天看不惯那个做人太假,时间一久,觉得只有自己才是公司的一股清流。老板曾委婉地提醒他:我们是一个团队,大家要一起努力,保持好的工作氛围……他根本听不进去,私下说:"这样的人连公司员工都管不好,怎么能当老板?"

这个案例中,小赵一味地站在自己的角度看问题,认为这人不行,那人也差劲,甚至连老板都差一些。其实,他没有倒过来想过:既然大家都这么不堪,企业的运营为什么还没有出现问题呢?再说了,自己应该寻找更高的平台才是啊。许多时候,不是别人做得不好,是自己的思维有问题。

在你看人不顺眼的时候,一定要学会静下心来思考这样三个问题:

问题一:自己是不是也有同样的问题?

通常,自己眼中别人看起来"不顺眼"的问题,自己身上多半也有。例如,你不喜欢自己的自私自利,就会关注别人自私自利的举动;你总想占他人便宜,那对利益分配就特别敏感,讨厌被人占便宜。也就是说,人们会通过否定别人身上的某些"缺点"来重塑自我形象。

问题二:别人的不可取之处,是不是自己所欠缺的?

比如,看到一个人赞美他人,你嘴上可能会说:"此人油腔滑调,做人很虚伪。"其实真实的想法可能是:"我要是像他那样会说话该多好啊!"甚至会责备自己情商太低。特别是当自己在某些方面技不如人,难免会心生嫉妒,从而下意识地避开对方身上的优点,而将注意力集中在其"缺点"上。由此可见,看一个人不顺眼时,往往有着一定的心理动因。

问题三:我是否有曾被人嫌弃、贬损的经历?

通常,有过这种经历的人,潜意识里会对别人过低的评价有一种莫名的抗拒,甚至是怨恨。例如,某人个头矮,因此受过不少奚落,因此变得有些失落、自卑。那么在平时的生活中,你只要对着他说个头矮的人如何如何,他立刻会觉得你这个人"有问题",并可能把心中的一些怨恨投射到你身上。

因此,一定要先逆向剖析自己:是不是思维有缺陷,或是情商有问题?从世俗的角度看,经常"看不惯"他人甚至"毒舌"的人往往不是因为别人的修养不够,而是因为自己的思维有缺陷,至少是不善于换位思考,或是倒过来看所谓的"问题"。

不怨天尤人,懂得逆向操作

人生在世,谁都不可避免地会碰到一些不顺心的事和让自己不如意的人。即使怨不得自己,也不要轻易去怪罪对方。在我们的惯性思维中,当自己遇到麻烦,首先会怪罪别人。这种思维方式不但会给自己带来痛苦,也容易恶化人际关系。

有时候,我们说事难办,人难处,其实是基于我们过往的经验得出的

 逆向思维

结论。遇事只有多从自己身上找原因,或是转换看问题的思路,才能不为问题所困。

印度有一家电影院经常有戴帽子的女性去看电影。因为帽子挡住了后面观众的视线,所以有人建议电影院的经理在场内发个通告,禁止大家在看电影的时候戴帽子。经理听后,摇摇头说:"这样做不太妥当,只有允许她们戴帽子才行。"

大家听后莫名其妙。第二天,影片放映之前,经理在银幕上放出了一则通告:"本院为了照顾衰老有病的女客,可允许她们照常戴帽子,在放映电影时不必摘下。"通告一出,所有女客都摘下了帽子。

现实生活中,有些问题用直截了当的方式去解决往往会适得其反。这时,换一种方式不但可以使问题简单化,还能更快地找到解决办法。

面对人际难题时,我们该如何运用逆向思维来快速消除人际隔阂,增进彼此理解,赢得他人的敬重呢?关键要把握好以下三点:

1. 转换立场,摆对自身的位置

人都是有立场的,也都习惯站在对自己有利的立场说话办事。很多情况下,我们错误或不当的解决方法与我们所站的立场或位置大有关系。或者说,是我们的立场、位置影响了我们对问题的思考。

例如,两个孩子产生矛盾时,双方的家长都会本能地站在维护自家孩子利益的角度说话,如果他们不改变这一态度,问题自然不会得到圆满解决。

表面上看,这是我们的立场问题,进一步讲,则是思维的问题。不善于逆向思维的人,遇事很难实现从我逆转向他的转换,站在别人的角度考

虑，相反，善于逆向思考的人能够站在不同的立场看问题，理性地化解与他人之间的矛盾。相比之下，后者的人际关系也会更加融洽，会拥有更好的人缘。

2. 反向操作，避开所谓的障碍

一次，一位大爷去买肉，只有一位摊主在卖，而且大家都说这位摊主服务态度不好。

大爷问摊主："五花肉多少钱一斤？"

摊主说："上好的35元，其他的30元。"

大爷说："给我看看这块有多重。"

摊主将肉一上秤，说："2斤，高高的，算你70元。"

大爷说："好吧，那来3斤吧。"

摊主又切了一块丢到秤盘上，说："嘿，刚刚好。105元，算你100元。"

大爷从兜里掏出30元，拿起刚刚切下的那块肉，说："那就来这块吧。"

摊主有些蒙，反应过来后，他笑着说："这个老头真有趣。"

这个案例中，大爷通过逆向操作，用较低的价格买到了上好的肉。同样的道理，为了避开人际交往中的一些障碍，一定要学会逆向操作，尽量避免正面较真，从而柔性化解问题。

3. 多念人好，少念人过

人生的赛道上，我们常常背着两个包袱：一个包袱上写着他人的过失，另一个包袱上写着自己的过失。但是很多人往往把写着他人过失的包袱放到胸前，而把写着自己过失的包袱放在了背后。于是，不管他们怎么

看,都难以看到自己的过失,但只需轻轻一低头,就能瞅见别人的过失。

这样,他们就有理由扯着嗓门说:

"你看,我没问题,都是你的错。"

"你不要再狡辩了,你自己的问题难道看不到吗?"

"即使我有问题,也都是因为你。"

受这种思维的影响,我们很难处理好与他人之间的矛盾。事实上,理性的做法是先审视自己的问题,多从自己身上找原因。在此基础上,再去寻找解决之道。

记着别人的过错,痛苦的是自己;念着别人的好处,收获的是知足。因为金无足赤,人无完人,所以没有哪个地方只有白天,没有黑夜;没有哪个人从不犯错,事事完美。只有彼此包容,才能融洽相处,相互理解。

人际交往中,遇到问题不要只是怨天尤人,要学会停下来换个角度思考。这样一来,即使一时找不到最佳答案,也会减少一些误判,或是减少给自己与他人带来的伤害。

别怕被"利用",就怕你没用

现实生活中,不少人总是抱怨自己缺少机会,遇不到贵人,然而,真实情况是:一是自己根本没有去寻找机会,二是有机会也把握不住。为什么会出现这样的情形呢?有时是因为我们的自我保护意识太强,不论在职场还是生活中,与别人交往时害怕被人利用。

"利用"的确是一个比较难听的词,提到这个词,我们会觉得不舒服,不由得会产生一种抵触情绪。如果真的被人利用了，那算不上是一件令人开心的事。毕竟，人都是偏向于维护自己的。

其实，反过来想一想：如果一个人真的没有一点儿被利用的价值，那么，他的生活会是怎样一番情形？从古至今，人和人、事和事中，不可避免地存在利用和被利用的价值关系。一个人被人"利用"，本身说明这个人具有价值。问题是，多数人只想着去如何利用别人，却不想被人利用。现实生活中，善于用逆向思维思考这个问题的人往往会发现更好的机会。

> 有一部热播的电视剧叫《乔家大院》，其中有这样一段剧情：
> 一个叫孙茂才的文化人靠摆摊卖货为生，一度落魄沦为乞丐，后来机缘巧合之下结识了山西大商人乔致庸。凭借自己的聪明才智，孙茂才在乔家立足后，逐渐展现出自己的才华和价值，先后多次帮乔家化解灾难。
> 后来，因为他不赞同老板的经营理念，便企图与乔家大少奶奶合谋架空老板，以获取更大的价值。
> 乔致庸看破孙茂才的计谋后，将他赶出家门。孙茂才认为自己是个难得的人才，理由是：达盛昌商行多次高薪聘请他。于是，他便赶去投奔。孙茂才拍着胸脯告诉达盛昌老板，自己一定也能为他赚得盆满钵满！
> 达盛昌老板说："你要清楚，不是你成就了乔家，而是乔家成就了你！你个蠢货，你不在乔家还能有个屁的利用价值！"

虽然这只是电视剧的情节，但是很有现实意义。许多时候，你有智慧、才华，他有资源、平台，双方相互"利用"，互利互惠，结果就皆大欢喜。

 逆向思维

所以，利用与被利用、成就与被成就是相互的。我们思考的角度不同，看到的结果自然不同。有智慧的人会突破常规思维的束缚，逆向审视"利用"背后的因果关系，并衡量自身的价值。

从现在起，我们要学会转换思维，抛开"利用就是被人当枪使"的片面观点，理性地审视自己可被"利用"的价值。这要求我们必须做到如下两点：

1. 换个角度看"利用"

不同的人对"利用"一词的反应是不同的，这源于他们思维模式的不同。比如，有朋友现在让你帮忙办件事，你对怎么办这件事不是很在行，你做还是不做呢？

你可能的选择有三种：一种是说"不好意思，我实在太忙啦，没有时间"，第二种是说"我也没把握，不过试试看吧"，第三种是说"你放心好了，没有问题"。

当你说"不好意思"时，说明你不情愿帮这个忙，可能就是不想被人"利用"。如果是第二种，说明你多少还是不太情愿，只是对方张了嘴，也只好应付一下。在做出这两种回应时，你可能更多的是在意要为对方付出，但获得不了什么。如果是第三种，说明你很愿意帮这个忙，可能会认为被人"利用"、被人"需要"是一种自我价值的体现。

因为想问题的角度不同，所以心态不同，导致最终结果也就不同。尤其在现实生活中，不要一听到"利用"就产生逆反心理，而要多倒过来想：别人为何会需要你？你的价值在哪里？即使别人真的把你当枪使，你最起码也得清楚问题出在哪里。想清楚了这些，往往就能找到头绪，从而清楚自己接下来该如何去做了。这就是在这个问题上做逆向思考的意义所在。

2. 生成自己可被利用的价值

人与人之间的交往，许多时候，从表面上看是缘于友情，实质上是等价交换。比如，一个商业大佬可能会说："我会与员工做朋友，把他们视为家人。"现实情况是，与他常来往的朋友一定也是商业大佬，而且，他也不会像对待朋友一样对待员工。为什么呢？因为不对等——身份不对等，资源不对等，能力不对等，相互之间可被对方利用的"价值"不对等。

所以，当我们认识一些优秀的人时，不要急着从他们身上获取资源或人脉，而是先要想一想你有哪些可被对方"利用"的价值。如果没有，那就去积极地建立，只有遵循等价交换的原则，让对方看到你的价值，并且让你的价值变现，才能长久地做朋友、谈合作。找工作，谈生意，寻投资，莫不如此。

因此可见，在这个问题上是否善于逆向思维，体现了一个人做事的格局与视野。在尽可能公平的基础上适当被人"利用"，既可以显出你的闪光点，又可以让你收获人情，何乐而不为呢？

害怕谈钱？说明你不自信

人生活在俗世里，免不了要和钱打交道。但是很多人不敢谈钱，不善谈钱，一谈钱就感到浑身不自在。这样的人可能有一个共同的特点，就是骨子里缺少自信，却又把脸面看得很重。在现实生活中，钱该谈就要谈，如果你不敢谈钱，那只能说明你不自信。

 逆向思维

　　小K是一位有志青年，工作能力强，人长得还帅，也挺会来事儿。他入职三年来兢兢业业，但工资就是涨不上去，他多次想和老板谈加薪的事，但都不好意思开口，心想自己表现不错，老板一定会看在眼里，主动给他加薪。

　　果不其然，有一次，老板拍着他的肩膀说："小K啊，你要再加把力，等××部那个××总监一退休，你也是有力的候选啊，加油吧。"

　　"如果职位升了，工资自然也就涨了。"小K想想都乐。

　　之后，他工作更加努力，并很注意与同事搞好关系。一天，两天……都过去三个月了，那个总监还不退休。

　　就在总监退休的前一个月，他被现实无情地打脸：在公司宣布的四位候选人中，竟没有他的名字！这就是现实吗？老板的承诺呢？说好的承诺呢？他很想当面问老板"为什么"，话到嘴边又咽了回去。他觉得老板是个言而无信的人。

　　在职场，我们不仅要相信能力，更要相信收入。收入在某种程度上是能力的一种量化，自认为能力很强，收入却上不去，这里面一定是有原因的。只是我们用惯性思维很难看清这一点。如果逆转思维，那么其逻辑就很清晰了：有时候，你之所以不敢谈钱，是因为你根本不值那么多！就这么简单。

　　要让自己变得值钱，该谈钱的时候要毫不含糊，这样于人于己都方便。有句话说得好："钱就是熨斗，把一切熨平了。"如果是碍于面子、情感等原因而不好意思谈钱，那也只能说明你这个人活得还不够体面——靠委屈自己来赢得别人所谓的"尊重"，本身就是对自己的一种不尊重，这

样做并不可取。所以无论从哪个角度看，大胆地与人谈钱都没有错，错的是你的观念。

1. 在恋爱时，主动谈钱显真爱

传统观念认为，谈恋爱提钱就是拜金，甚至会被质问："跟人过还是跟钱过啊？钱可以慢慢挣，真爱没了再去找，可是如同大海捞针啊。"所以，当女孩子一提车子、房子、银行存款，一些男生就不乐意了，会反驳说："这还是真爱吗？"

谁说相互爱恋就不应该注重物资条件，谈钱就不是真爱呢？恰恰相反，真爱与金钱二者并不矛盾，钱能润滑爱情，而"贫贱夫妻百事哀"，没有经济基础的婚姻是不牢固的。谈婚论嫁，钱必须要谈。如果男人不敢谈钱，整天跟在女人后面，可怜巴巴地哀求："求求你，嫁给我吧。"那你靠什么给人安全感呢？还有，将来怎么抚养孩子、老人……别人家是漂亮的媳妇20多年熬成婆，你是漂亮的媳妇两年熬成黄脸婆。你说这样的男人是不是很没有担当，很没有责任心？别人骂你，看不起你，你还觉得委屈吗？

2. 在职场中，自信谈钱彰显能力

很多公司忌讳员工谈钱，动不动就是"别谈钱，谈未来"，觉得谈钱俗气，格局小。其实不然，只有大方地敢谈钱的人才有格局。

例如，有的人在面试时，不敢问HR薪资情况，怕被误解。在HR看来，你的行为是缺少自信。有时你大方地谈钱，才能引起对方兴趣。有一家公司招聘测试员，给出的薪水是月薪1万元。有个年轻人为了获得这个职位，在被问及薪水要求时，他说："我每月只要3000元。"他觉得这样可以为公司节省一笔人力成本，进而显出竞争优势。但是HR不这么看，他认为此人能力有限，为了稳妥起见，故不予考虑。

所以，在职场中，该谈钱时要大方地谈。因为工作本身就是一种价值交换，当你觉得自己的能力升值时，自然要提高自己的价码。这本身就是对自我价值的尊重。

3. 朋友相处，谈钱才能避免伤害

很多人不只在工作中不敢谈钱，在生活中也不敢谈。因为谈钱往往就会伤感情。那是不是就不谈了？当然不是，不仅要谈，还要大方地谈。

比如，你爽快地借给了朋友1000块钱，当时没说什么时候还。半年过去了，对方还没有要还钱的意思，闭口不提。更让你不解的是，他还经常在朋友圈晒到处旅游的照片。你怎么办？

等，不是办法。那就直接和他说："还钱。"

如果对方认为你这样做是不给他面子，和你翻脸，那这样的朋友不交也罢，早断交比晚断交更好些。如果对方顺势还钱，那还是朋友，有借有还，再借不难。所以，在这个问题上，不要让自己背负太大的心理负担，该谈钱时要大方地谈。

不管与多么亲近的朋友打交道，不管做什么事，只要涉及钱，一定要先把钱的问题谈清楚。这么做，可以让你更了解对方，从而恰当地把握与其相处的尺度。

任何关系中，有关钱的事情都应该搁在彼此心中敞亮的位置，遮遮掩掩必定会导致两败俱伤。所以，越是优秀的人越懂得谈钱，因为他们知道，金钱面前，人心往往会一览无余，他们能借此梳理自己的人际关系，把握好人生每一步。

弱者未必"有理",强者未必"应该"

我们生活的这个世界,竞争无处不在,每个人都希望自己成为强者,能主宰自己的命运。因此,我们也习惯用"弱肉强食"的丛林法则来形容人类社会。但这并不是说弱者就不值得尊重。从道德的层面看,在许多事情上,我们更偏向同情弱者。

但"弱"并不应成为被同情的理由。任何时候,一旦你把示弱当作一种破坏公平规则的借口,理直气壮地喊出"我弱我有理",那你的"弱"就成为一种赤裸裸的道德绑架。

某地的一辆公交车上,曾出现这样一幕:

> 公交车到站后,上来一位老者,见已无空座,便径直走到一位年轻人身边"索要"座位。年轻人觉得被冒犯,有些不情愿,结果老者一屁股坐在了年轻人腿上。

再如:

> 某女士有位同事,每次吃午餐,这位同事都会从她的饭盒中夹几筷子菜,说自己家里条件不好,能省就省,中午尽量多吃点。有一次吃狮子头,某女士没有让对方吃,结果对方特别吃惊,而且有些

 逆向思维

生气。

通过上述二例,我们会不会联想到身边的很多人?这些人有一个共同的特点,就是通过示弱,甚至是惨不忍睹的弱,来博取大家的怜悯之心,进而达到自己隐性的目的。在心理学上,这是一种过度理由效应。通俗地说就是,每个人都力图使自己和别人的行为看起来合理,因而总是为该行为寻找原因,一旦找到足够的原因,人们就很少再继续找下去。而且,在寻找原因的时候,总是先找那些显而易见的外在原因,因此,如果外部原因足以对该行为作出解释,那么人们一般就不再去寻找内部的原因了。

如果我们觉得自己不够强,那就需要逆转思维,认真想一想:

"我为什么弱?"

"别人为什么强?"

"弱是不是一定就有理?"

不能因为你弱,就要求别人无条件地良心发现似的同情你、怜悯你,站在你的角度去思考。一个人一旦失去了别人最起码的尊重,再让人从心底去接受他、同情他,会变得很难。

"我弱我有理"遵循的思维逻辑是:我是弱者,你帮我是应当的,不帮就是你的错,你要为此受到道德的谴责。同样,因为你强,所以你就理应帮助别人,不帮的话你就是为富不仁。

这也是一些人的惯性思维。正是因为这种思维的存在,他们才惯以"弱者"的身份大肆破坏大家共同遵守的规则。

某市开展整治黑摩的行动。在一个车流非常大的路口,交警拦下了一位中年妇女驾驶的黑摩的。中年妇女说自己身体有残疾,老公也

去世了，全靠这个摩的养家，还要供孩子上学。说到动情处，她一把鼻涕一把泪，围观的人群中有人说："这个女人挺可怜，警察同志，你就网开一面吧。"也有人很激动地说："你们就会欺负老实人。"交警说："家里再困难也不能违法呀，有困难可以找政府，政府会给予一定的保障……"一番话下来，周围的人都觉得警察讲得有理。黑摩的妇女于是改变了策略，从车上跳下来，躺在地上打起滚来："警察打人了，警察打人了！"

这时，一名中年男子冲入人群，气呼呼地问："谁打人了？警察为什么要暴力执法？"交警问："你是谁？和她是什么关系？"中年男子说："我是她老公。"众人一听，哄笑起来。躺在地上的妇女见戏演不下去了，只好起身。交警秉公执法，强制暂扣其黑摩的。

许多时候，我们遇到一些让人愤愤不平的事时，大都会与上面的围观者一样，本能地去同情弱者，去慷慨地表达自己的正义感，觉得自己站在了道德的制高点，其实不然。

这个世界上，弱者不一定"有理"，强者不一定"应该"。强求得来的"有理""应该"不能体现公平原则。所以，"我弱我有理"其实是一种非常自私的逻辑。

第六章
"升维思考"，逆转人生困局

人生之路如同一条在高峰与低谷间行进的曲线，哪里有困难，哪里就有机会。攀上巅峰，是走下坡路的开始；跌入低谷，是人生转向的开始。在困难面前，我们要懂得灵活运用逆向思维，只有这样，才能不被问题困住。

 逆向思维

淘汰你的不是对手，是旧思维

今天，不论你从事什么职业，最深切的体会都是：竞争越来越激烈，观念、产品、技术等更新迭代的速度越来越快。在这个急速变化的时代，我们稍不留神，就可能跟不上它的步伐。甚至它抛弃你，连个招呼都不会打。

曾经，我们可以"一招鲜，吃遍天"，现在，只要几天不学习，你就会发现原有的经验、职业能力都在老化、贬值。这也是为什么许多人越来越感到焦虑、不安，并且始终保持旺盛求知欲的原因所在。

可以说，你想要的一切能否得到由你的脑袋决定。如果哪一天，你的脑袋因为装满了陈旧的思维方式而停止注入新的思维方式，那么你注定会被这个时代所淘汰。即便现在你是行业的顶尖高手，只要你的思维方式不改变，只需要一年的时间，你就会从白天鹅变成丑小鸭——重复旧的方法就只能得到旧的结果！记住，打败你的往往不是对手，而是旧思维。

如果你是一个普通人，你努力了10年、20年，甚至30年，人生依然没有起色，那就要反过来问问自己：这么多年的经验、付出都没有让自己成功，留着它们有何用？而相反地，不同的人来做同样的事，效果则完全不一样。究其原因，思维在其中起着重要的作用。

L先生是一位知名的带货主播，有着渊博的知识与过人的才华。

他先后做过多个行业，而且这些行业之间没有多少关联，他却能一直折腾下去。这也让许多行业大佬佩服不已。他之所以能如此成功，是因为他头脑里有一套自己的思维体系。

现实中，很多人折腾不起，也折腾不下去，其中一个重要原因就是脑子里装的永远都是别人的东西，甚至是别人用剩下的东西。所以，一旦他们更换赛道，就直接"死翘翘"了，连喘息的机会都没有。

文文一直有个梦想，就是创业当老板，她说赚不赚钱无所谓，主要是喜欢当老板的感觉。她做的是文化类项目，想通过一些直播平台如抖音、快手等发展业务。但是，这些平台对文化领域限流，这让她始料未及。公司开业3个月，真金白银哗哗地往外流，再这么下去，还当什么老板？她这时才意识到，创业是真的难。

虽然抖音等平台限流，但是她不死心，依然想引流，于是陷入了思维困局。她越是想做成这件事，越觉得有困难，但还是想做。结果半年下来，她啥也没有干，反倒被割了几次韭菜。最后，文文只好又乖乖地回去上班了。

用旧的思维怎么可能走出困局呢？曾经，文文一直认为，通过互联网创业，就是找一些平台，买几个推广软件，只要搞来流量就可以躺着赚钱。但是现实很打脸。没有赚到钱，不是项目有问题，也不是因为平台限流，而是脑子里没货。如果潜心学习新的互联网营销知识及推广方法，拥有前沿的商业思维，又怎么可能被人割韭菜呢？

不同的人做事的思维方式是不同的。一般人改变结果，优秀的人追问原因，而更优秀的人提升思维。只有摆脱旧思维的束缚，才能在竞争中先

逆向思维

人一步，最终实现步步领先。

那么，如何改变旧的思维模式呢？

1. 依靠学习和见识改变思维模式

一个人思维的形成与他拥有的知识面和见识息息相关。你知道的东西多，见识广，方法、模式掌握得多，思维就越活跃，就更容易做到触类旁通。我们说一个人脑子不开窍，往往也是在说这个人没有学习能力，或者什么都不学，只是活在自己的世界中。生活中的问题都不是凭空生出来的，思维模式也是一样。

要想改变思维模式，一个重要的途径就是多看书、多学习，建议多看一些哲学类的书籍或者专业类的书籍。只要去学，就能不断丰富自己的思想内涵，通过不断解决问题打开自己的思路，就会逐渐建立起新的思维模式。

很多优秀的人都没有显赫的家世背景，也没有多高的文凭，但是在打拼的过程中，始终坚持一边学习一边增长见识，慢慢地，自己的思维模式会发生改变，进而生活轨迹也就跟着改变了。所以说，学习与见识可以改变一个人的思维。

2. 认知和思维要跟得上形势

我们常说一个人是"老脑筋"，即指这个人思想老化，跟不上形势与潮流，总是用过去的经验、知识来解决当前的问题。不论工作还是创业，思维具有前瞻性的人往往更善于把握眼前的机会。

有一位自媒体大咖，他曾在自己的一档节目中说："我决定把房子和车子全卖了，以后租房、租车。"当时，很多人觉得这只是个噱头。后来，他真的把北京的房子卖了，紧接着，他就投资了某只股票。结果,该股票的涨势远超北京的房价。随后,他卖了股票,又把北京的房买了回来。

通过这一波操作,他赚了不少差价。

当然,有人认为他说话不算话,这是把人往坑里带。他对此给出的回答是:别人不会把他选择的所有维度的参数都告诉你。

最后这句话的言外之意就是,自己的认知与思维跟不上。假如认知与思维跟不上,别说实操,就连做出基本的判断都难。

许多事情就是这样,即使你在某些方面很专业,如果没有实操,那也缺少说服力。你说我是大学教授,专业研究房地产行业的,但是你去卖房子的话,思维未必跟得上一个售楼部的业务员。因为这时你不但要拆掉思维里的一些墙,还要快速掌握一些新资讯、新方法。这种思维的转换不是一蹴而就的。

3. 跳出封闭的思维怪圈

一个人的思维之所以封闭,就是因为思维里的围墙太多,思路打不开。比如,解答一个简单的方程式数学题,死板的人可能只会想到一种方法,你换一下这个方程式的数字,他会认为是一道新题。要跳出这个思维怪圈,一定要培养发散性思维、逆向思维。这样,同样的一道题,运用不同的思维方式,会有不同的解法。说白了,就是要让思维拐弯,避免形成某种死循环。

再举个例子。飞机在起飞和降落的时候需要把舷窗的遮光板打开。有些乘客对航空公司的这条规定不太理解。那么,飞机为什么一定要把遮光板打开呢?这是因为,飞机起飞和降落的时候,是飞行状态最不稳定的时候。这时除了要收起小桌板,调直座椅靠背,防止碰撞旅客,还要打开遮

 逆向思维

光板,让所有人都能注意到安全隐患。由此可见,世事洞明皆学问,生活中很多时候需要具备转弯的意识。

一个人最快的成长方式就是不断升级自己的思维模式。要想超越自己,先得学会"埋葬"过去。任何时候,只要你开始固守旧思维,就等于封闭了自己认知的环境,堵住了自己成长的渠道。

以退为进,合理运用弹性思维

以退为进是一种重要的逆向思维,更确切地说,它是一种弹性思维。这里的"退"并不是真正意义上的软弱、败退,而是一种迂回策略,暂时的"退"是为了接下来的"进"。退一小步,是为了能进一大步。

有些人处理问题不善于变通,习惯迎难而上,结果呢,不是碰得灰头土脸就是钻入牛角尖。而懂得运用逆向思维的人会倒过来想问题,让退成为向前迈出的第一步,从而间接达成目标。

元代,于钦在山东一个地方做官。他在任期间经常寻访当地古迹,还经常自掏腰包,用于古迹的保存和修缮。

当地的知府要兴修一些水利工程,为了节省开支,打算拆除当地的一座古寺庙,并把拆下来的石料和木材用作施工材料。因为那是一座古寺庙,有着好几百年的历史,所以很多百姓反对这么做。但知府态度非常坚决。

就在这个时候,有人想到了于钦,希望他能出面劝阻。出乎意料

的是，他非但没有劝阻，反而自告奋勇，担任了"拆迁办"的一把手。民众对此大为失望。结果不久，知府便下令禁止拆除古寺庙，古寺庙得以保存。

事情为什么会出现反转呢？原来，于钦告诉知府，拆除这座古寺庙需要支出好几千两银子，用这些银两购买石料和木材也绰绰有余，而且拆古庙还要浪费人力物力，实在不划算。

百姓得知于钦当初的用意后，都对他的智慧佩服不已。

遇到难题时，在常规的方法行不通的情况下，一定要找到问题的难点所在。找出难点后，可以求证是否再运用逆向思维，或是从其他角度寻求突破。在这个案例中，于钦没有正面去说服知府，而是顺势而为，在"预算"这个难点上巧做文章，结果让知府知难而退，进而保全了古庙。

现实生活中，这种思维也有广泛的运用。

有家饭店为顾客设定了消费的下限，也就是进店至少要消费1000元。一次，有位顾客请客，不知店里有这规矩，点了500多元的菜后，服务员说："先生，我们这里的最低消费是1000元。"

这让这位顾客很为难：点多了，浪费不说，还多花钱；不再继续点吧，面子上又不好看。这时，他的一位朋友说："这样好了，刚才点的都不要了，干脆来50份拍黄瓜吧。"服务员知道顾客有意见，转身出去了。不一会儿，经理笑眯眯地进来，说："你们随便点菜，点多少都行，这位服务员是新来的，真的不好意思。"

可见，遇到问题时，用什么样的方法解决很重要。很多时候，用常规的思维与方法不好解决、不能解决的问题，可以试着颠倒一下思维，来个

 逆向思维

逆向操作，反倒会柳暗花明。这也是为什么有智慧的人总是能够以一种让人意想不到的方式轻松解决在常人看来棘手的问题的原因。

职场中，巧妙运用这种逆向思维达成预期目的的案例也很常见。

> 刘强是一位博士毕业生，但是，他先后向几家自己中意的公司投了简历都石沉大海。于是，他改变策略，采取以退为进的方法，不再在简历上注明取得了博士学位。结果，有一家软件公司录用了他。后来他成为一名程序输入员。
>
> 因为他能发现其他输入员根本发现不了的一些错误，所以任职没多久，就让老板对他刮目相看。过了两个月，老板发现他不但懂程序，还能编程，而且技术很厉害。老板觉得他不一般。通过一次深入的交流，他向老板说出了实情。老板非常信任他，半年后，公司让他带一个小团队开发新的项目。刘强没有让老板失望，他能力突出，业绩骄人。

这个案例中，刘强以这种以退为进、由低到高的稳妥的弹性战术达到了预期的目的。他先是以低姿态进入公司，再逐渐利用工作中的突出表现来吸引老板的注意，并慢慢展现自己的才华，就这样一步一个脚印地向前走，最终得到了理想的职位。

不论生活还是工作中，我们之所以要拥有这种弹性思维，理由很简单：当形势对我们不利的时候，唯有通过暂时的退却来规避正前方的障碍，才可能更好地进攻，从而得到一个圆满的结果。

危即是机，不画地为牢

同样的困难面前，拥有逆向思维的人相对来说表现得更为积极，因为他们能看到事物正反两个方面：贫穷的时候其实是富有的开始，落魄的时候是奋起的开始，一无所知的时候是求知的开始，一蹶不振的时候是重整旗鼓的开始，遭遇背叛的时候是再次遇见真情的开始……

某自助餐厅有个规定：凡是浪费食物者，每50元罚款10元。顾客得知这个规定后，心里多少有些不舒服，甚至有的人会产生逆反心理，故意剩下一点儿。而且，顾客在用餐的过程中，服务员会有意无意地"监视"顾客，因此，顾客普遍反映在这家店吃饭用餐体验不好。该店生意也一直不冷不热。

离这家店不远处也有一家自助餐馆，该店为防止顾客浪费食物，同样作了一个规定：如果顾客不浪费一点儿食物，餐后可以获得5元代金券一张。这家店的生意不错，很少见到有顾客浪费的现象。

同样是在提醒顾客不要浪费食物，第一家餐厅的做法更像是在下达命令，让顾客必须遵守。第二家则反其道而行之，它的做法就很人性化，让人感觉很温馨，并且还能通过代金券锁定一部分回头客。从中我们不难看出，同样是解决一个问题，运用的思路不同，结果就不同。

 **逆向思维**

特别在是解决一些棘手的问题时,只要合理运用逆向思维,不但能取得预期的效果,还能让坏事变成好事。

2020年,受新冠肺炎疫情的影响,很多老板都抱怨:生意太难做了,一天也成交不了几单。而有的老板却坐在家里把生意做到了全国,有的商品还成了爆品。为什么会有这么大的差别?因为思维。有的老板把握住了一个信息——2020年地球迎来了近百年来最热的夏天,这让他们看到了商机。比如,卖宠物降温产品,有的卖男人穿的"裙子"。这些产品的销售情况的确非常好。相比之下,一些传统的避暑商品,如扇子、凉席等的销售额却有所下降。

表面上看,决定生意好坏的是商品的样式,实则是营商思维。正所谓"天下没有难做的生意",难的是思维的创新与改变。不论做人、做事还是做生意,要突破难点,就一定要懂得逆转思维,只有这样,才能从"坏事"中看到机会,从问题中找到答案。

那么,如何建立逆向思维模式呢?有三个简单有效的方法。

1. 缺点转化法

这一点很好理解,就是要一分为二地看待缺点。当我们无法改变它的时候,要尽可能用好其积极的一面,或是将消极的一面转化为积极的一面。

比如,国外有一种番茄酱,与同类产品相比,它的浓度较高,且质地非常黏稠,一些家庭主妇在使用时会觉得不方便。所以,这种产品市场前景不被看好。刚开始,经销商也曾想重新研制配方,比如说降低浓度,并重新生产,但又觉得这个流程走下来不但成本高,而且风险也非常大。于是他们转换了思路——把产品的缺点转化为它的优点。

如何转换呢?因为这种酱的浓度高,说明所含的营养成分多,水分少,故味道更加醇正。于是,经销商开始聚焦番茄酱的这个特点,大力宣传。这样一来,其营养更丰富、味道更醇正的特点便被越来越多的顾客所接受。于是,其市场占有率开始大幅上升。

在应用这种方法时要特别注意一个前提,那就是"缺点"是与生俱来的,且无法改变。这时,我们可以反转视角,把这种"缺点"转化为大家认可的且符合某种逻辑的优点。

2. 找反义词法

从字面上可以看出,这种方法就是从一个事物的对立面去寻找答案。例如,有人说买房要买大一点的,并列举房小的缺点,那我们可以把问题逆转过来思考,找出房子小的一些优点。毕竟,凡事都不是绝对的。

下面来看这种方法的一个具体运用。

家中洗衣机的脱水缸,因为其转轴是软的,所以只要用手轻轻一推,脱水缸就四处摇晃。但脱水缸在高速旋转时却十分平稳,而且脱水效果很好。当初设计时,为了降低脱水缸转动时产生的噪声,技术人员尝试了很多办法,比如加粗转轴等,但是都没有效果。

最后,他们通过反向操作,弃硬就软,用软轴代替了硬轴,结果成功地解决了颤抖和噪声两大问题。

如果按照常规思维,就应该继续提高转轴的硬度和粗度,但发现无解之后,他们转向了"更硬"的反义词,即"更软"。于是,问题迎刃而解。

在具体的应用中,我们可以先总结出这种逆向思考的模式是什么,然后不断地练习。时间久了,自然会形成一种思维习惯。

3. 错误学习法

简单来说,就是从错误中得到学习。通常,聪明的人能够从别人的错误中学到很多东西,而不需要亲自去犯错。反过来却不成立,即有些人不

 逆向思维

会模仿聪明人的成功。为了减少错误的发生,在遇到问题时,要及时在过往的经历中比对类似的情况,并认真分析之前失败的原因,然后优化、完善每一个细节,制订新的计划,只有这样,事情才会向更好的方向发展。当然,也可以建立一个失误清单,通过反思,将结论变成经验,以避免下次犯同样的错误。

所以,遇事我们既不能画地为牢,也不要循规蹈矩,更不要一而再、再而三地犯同样的错误,而是要扭转思维,变危机为转机。

运用破局思维跳出人生的"怪圈"

在现实中,我们几乎每天都在"遇到问题—解决问题—遇到新问题"的模式中循环往复。有些时候,还会遇到一些"无解"的事,让自己陷入"死循环"的怪圈,无论如何都走不出来。

一个最典型的例子就是"忙"。在工作中,我们容易陷入这样一个"死局":我每天都很忙—天天加班、熬夜—时间管理乱—状态不稳定—效率低下—没时间学习—工作忙。一旦陷入这种循环,你就会被死死地困住,动弹不得;要想破局,必须具备破局的思维与能力。对"死局"来说,破局的关键在于:做好计划,提升能力,分清事情的轻重缓急。

大家可能看过好莱坞影片《大白鲨》,在观看电影的时候,有没有想过那条鲨鱼不是真的?很多人在看过影片后,都不认为影片中的鲨鱼是一个道具,因为画面实在太逼真了。

其实，大白鲨真的是一个道具。拍摄过程中，为了取大白鲨的镜头，还遇到了一些问题。起初，剧组准备的是一条机械鲨鱼，但在拍摄的时候，大家才反应过来，原来机械鲨鱼是不会撕咬的，那咬人的画面怎么展现？再说了，它也不会游泳——这本身就是一个笑话。

这还不算，工作人员把机械鲨鱼放到水中试拍时，竟然发现制作鲨鱼的材料不防水，很快就水肿了，看上去如同一个软绵绵的鲨鱼棉花糖。

电影的其他部分都已完成得差不多了，只差这个鲨鱼的镜头了，如果这个时候更换一条鲨鱼，一是时间来不及，二是要增加额外开支。无论从哪方面看都不划算。那该如何解决这个问题呢？

导演并没有纠结于如何解决机械鲨鱼的问题，而是重新审视了一下问题：是不是影片中一定需要机械鲨鱼？

影片想要表达的是鲨鱼给人的恐惧感。那什么人在什么时候会最恐惧呢？

导演认为，当一个人在泳池中看不见自己的腿，但是水下又有其他东西时是最恐惧的。想到这里，他觉得只要营造一种让人恐惧的氛围就可以了。于是，他改变了拍摄手法，只让机械鲨鱼的一部分出境，并且时隐时现，再加上音效的渲染，从而营造出了一种让人恐惧的氛围。

结果，电影上映后，获得了观众的好评。

这个案例中，导演的破局思维就是：改革拍摄手法，营造让观众恐怖的氛围。如果不运用这种思维，那么将很难拍摄到理想的画面，即使能拍到，拍摄成本也会很高。

在平时的生活与工作中，我们如何激发并运用这种思维呢？

 逆向思维

首先,拓展你的认知边界。一个人的认知在某种程度上决定他的人生。有一本书叫《有限与无限的游戏》([美]詹姆斯·卡斯著,电子工业出版社2013年版),书中有这么一段话,说得非常精彩:"世上至少有两种游戏,一种可称为有限游戏,另一种称为无限游戏。有限游戏以取胜为目的,在边界内玩;无限游戏以延续游戏为目的,在和边界玩。"

作者认为,有限游戏与无限游戏是可以相互转换的,至于能不能实现转换,关键在于你的认知,也就是你对"边界"的认知——一是时间边界,二是空间边界。

当我们陷入"死局"时,其边界的大小取决于我们的认知。你认为它大,它就大;你认为它小,它就小。这也可以用来解释,为什么普通人与高手看同样的问题,前者看到的更多的是障碍,后者看到的更多的是机会——其认知边界大,故比常人更容易看清事情的更多层内容、事物发展的深层逻辑,能理解事情背后的内在规律。

其次,建立好的人生回路。在学习、工作、生活中,每个人都有自己的回路,如有的人是"越忙越乱,越乱越忙",有的人是"越说越烦,越烦越说",有的人是"越吃越胖,越胖越吃"。当然,这些都是不好的回路。

那什么是好的回路呢?简而言之,好的回路就是能够实现"正向循环"的行为的回路。例如,掌握科学的学习方法带来的正循环:学习—进步—学习。

再次,不要只在低水平的层级努力。当我们需要被人鼓励的时候,期望别人怎么说?"你要加油啊","你要再努力一把"。其实,我们已经无油可加,已经努力到无能为力,但为什么还是没有多少提升呢?因为我们的努力是低水平层次的努力。

例如，同样是为了提升销售业绩，有的业务员每天都很努力，他不注重学习，不提升自己，每天重复同样的方法。有的业务员会学习各种销售技巧，并尽可能地运用于实战。有的业务员会寻找自己的核心优势，认清自己的主赛道。不同的业务员，付出同样的努力，收获可能大相径庭。说到底，是因为他们在不同的层级努力。

最后，用"控制点"来锁定驾驭的事物。即使再复杂的事物，也是由多个简单的部分构成的。要攻克一个难题，先要建立一个总目标，然后细分这个目标。在每个小目标下再列出具体的执行任务，我们把各个任务视为一个个控制点。通过控制每一个任务来达到控制总目标的目的。

总之，拥有破局思维的人不但能看到更大的局，还会不断地突破人生一个又一个局。在这个过程中，他们会不断拓展自己的认知边界，最终成为解决问题的高手。

摆脱囚徒思维，在更高层面解决问题

仔细想一想，你是不是或多或少有过这样的困扰，或是正处于这样的困扰中：我一定要找到一个明确的努力方向，否则，我就不努力。

这是一种典型的囚徒思维！

拥有这种思维的人会对"我到底想要做什么"这类问题感到陌生、迷茫。他们被卡在自己的职业生涯中，上不得也下不来，其真实的状态是：他们对未来没有任何向往与追求，"差不多就行""混日子"是最核心的诉求。即便他们不用努力，却还是对现实不满。如果一个人不改变自己的囚

 逆向思维

徒思维,那么将很难扩大和提升个人的眼界与格局。

N先生在一家互联网公司做销售技术支持,四五年的工作经验让他摸清了这个行业的门道。一次,他和朋友说:"我想辞职,自己干。"朋友也非常鼓励他。

半年后,他又在微信上告诉朋友:"我已经离开公司三个月了,一点儿收入都没有,现在特别迷茫。"他希望朋友能够为他指点迷津。朋友说:"你到底想要追求什么?只是为了不再打工吗?"

他说:"工作实在没有意思,也不知自己能干啥。以前觉得单干也挺简单,出来才发现并不是那么回事。"

"那你还要回去上班吗?"

"我也不知道啊。"

过了一段时间,N先生又打电话给朋友,说有事想找他聊聊。朋友说:"你过来吧。"朋友请他下馆子,俩人边吃边聊。酒足饭饱,朋友结了账,又问他:"你到底想干什么?"

H先生说:"我现在快坐吃山空了,不知做什么好。"

朋友建议说:"可以看看这里有没有适合你的项目。"接着,拿出手机让他看一些图片,是一些项目列表,是他前段时间从一位企业家朋友那里要来的。

N先生一听,看也不看,便说:"那都是忽悠人,都是骗钱的。"

见状,朋友也不想搭理他了。又过了一段时间,N先生不得不去找工作。

朋友为什么不想搭理N先生呢?是因为他吃饭不买单吗?当然不是。用他的话说,就是"就那思维,还想创业"?如果说不懂人情世故也就算

了，可以慢慢学，但是饭都快吃不起了，竟然还觉得自己很厉害，这分明是思维有问题。自己脑子不开窍，接受不了新鲜事物，还要怀疑别人的赚钱逻辑，这不是笨不笨的问题，而是思维的问题。

生活中，像N先生这样具有囚徒思维的人很多。他们觉得自己什么都懂，聊起天来头头是道，说出来的大道理一套一套的，甚至牛皮吹得满天飞，但就是做不出什么像样的成绩。

要避免让思维困住自己，避免让自己成为人生的"囚徒"，就一定要打破一些思维壁垒，建立如下三种积极的思维模式：

1. 深度思维：既要练心，也要练脑

精英之所以被称为精英，很大程度上不是因为他们的智商或者能力有多高，而是因为他们善于深度思考。

最常见的深度思维方式有两种：一种是通过训练加深的思维深度，另一种是用别人的思维加深你的思维深度。

通过训练加深你的深度思维，前提是需要延长你的思维逻辑链。思维逻辑链很好理解，它就像一根链条，串联起你的各个思维节点，进而形成一个思维链。比如，你在解一个数学方程时，当给出条件A的时候，你会顺势推导出结论B，接着，又从B推导出C，依次进行，整个过程就是一条完整的思维逻辑链。

如果你的思维逻辑链比较短，可能只能推导到B，而思维逻辑链长的人可能会推导出D、E、F等。可以这样说，思维逻辑链越长的人，代表他的思维越深刻。

如果思维逻辑链太短，怎么办呢？最简单的办法就是针对一个问题连续发问，追根溯源，打破砂锅问到底。

如果想通过别人的思维来加深你的思维深度，则必须要进行换位思

逆向思维

考。如何换位呢？可以使用自问法。比如，你可以问自己："如果我是×××，我会怎么想？"

作换位思考时，你要尽可能站在对方的角度，把对方的行为"移"到自己身上。借由这种方式可以提升自己的思维深度，让自己更全面地审度局势，做出真正有利的判断和决定。

2. 转换思维：A 行不通，就换 B

什么是转换思维？转换思维是指在面对一个问题时，如果常用的 A 方案行不通，就换 B 方案，如果 B 方案也不行，再换 C 方案。也就是说，在找不到问题的解决方法的时候，可以换一种思考角度，或者是换一种思路。例如，研究某一问题时，由于按照 A 方案解决该问题的条件不具备，那就转换一种思路，或 B 或 C 或其他。哪种方案更高效，就使用哪种。

> 田先生是一位电商，非常注重短视频运营，但总是找不到做爆款视频的灵感。他也试过入驻不少平台，也投入不少时间和精力，但效果并不理想。在抖音推出海外版后，他认为这可以给商家带来一波流量红利。据此他给出的分析是：国内版的抖音号已经过了流量红利期，对新人而言，想做起来很难。如果这个时候把国内一些优质的视频 Copy 到海外版抖音呢？经过仔细分析，他决定尝试一把。没想到只用两个月的时间，他的账号就涨粉 100 多万。

这个案例中，田先生做国内版的抖音不行，便换海外版。同样的成功模式，同样的内容，因为他蹭到了流量红利，所以把握住了机会。

3. 倒置思维：找不到办法，就改变问题

一个问题如果找不到解决的方法怎么办？通常情况下，我们只能选择放弃。其实，我们还有一个选择，就是逆转思维——既然找不到办法，那就改变问题！

1888年，一位名叫约翰·劳德的美国记者设计出一种利用滚珠作笔尖的笔。1916年，德国有人设计制作过一种新型的圆珠笔，其结构与今天的圆珠笔较为接近，但性能较差，经过一段时间的书写后，前端的钢珠会因摩擦而变小，然后脱落，这样笔芯内的油就会流出来。所以，人们在用过一支后便不会再买了。这也造成这种笔的市场大幅萎缩。

为了改变笔芯漏油这种缺陷，工厂的设计师们做了大量实验。他们都是从圆珠笔的珠子入手，实验了上千种不同的材料来做笔前端圆珠，期望能够找到寿命最长的圆珠，最后发现，只有钻石符合。但钻石价格太贵，再说了，当油墨用完时，空笔芯要不要扔掉？所以，解决圆珠笔笔芯漏油的问题也就被搁置起来。

1945年，有一个名叫马塞尔的人运用倒置思维，对圆珠笔进行了改进，并成功解决了漏油的问题。他认为，既然圆珠的寿命很难被延长，那为什么不主动控制油墨的总量呢？于是，他开始通过实验来寻找一颗大小合适的钢珠，即用这颗钢珠可以实现大量的书写，且每支笔芯所装的油都不超过这个最大用油量。经过反复试验，他发现圆珠笔在写到2万个字左右时开始漏油。于是，他把油量控制在能写15000个字。从那之后，圆珠笔又成为人们最喜爱的书写工具之一。

这个案例中,马塞尔发现,要找到足够结实且又廉价的圆珠是极其困难的,于是便将问题转换为控制最大用油量。这里,他运用了逆向思维,使原本棘手的问题被巧妙地规避,并且不需要耗费多大的精力和财力。

人生路上,谁都会遇到一些棘手的问题,当我们遇到棘手的事情而束手无策,或是找不到前进的方向感到迷茫时,一定要改变自己的思维模式,只有这样,才能找到打开"思维囚牢"大门的钥匙。

跳出思维的坑,别被习惯拴死

上山砍过柴的人都知道:有经验的人用一个小时砍的柴比一个新手用两三个小时砍得还多。这是为什么?因为前者在砍柴时会对着树节砍,而新手总是会避开树节,所以斧子经常被卡住。在人们固有的观念中,没有节的树干容易被折断,而有节的地方不容易砍断。其实,有节的地方虽然硬,但是却更容易断。

解决问题就像砍树一样,需要打破思维定式,寻找解决问题的关键点,只有这样,才能将力气用在正确的地方。但是很多时候,我们不能灵活运用所学知识,而是被惯性思维俘虏。这样一来,我们就不可避免地会跳进一些"思维之坑"。

下面这几个"思维之坑",99%的人几乎都踩过。但是很幸运,从现在起,你将有幸从这些坑中跳出来,可以进行创造性、建设性的思考,这会帮你少走许多弯路。

1.伪逻辑：洗脑惯用的招数

伪逻辑是一种常见的"思维之坑"。说白了，它是一种诡辩的逻辑。许多时候，运用伪逻辑虽然可以自圆其说，但这并不代表它正确。

通常，每一个推理都有一个前提，这个前提可能是事实，也可能是假设。如果前提不符合事实，不客观，即使推理再缜密，也是伪逻辑。另外，如果前提符合事实，但是推理过程不够严谨，甚至漏洞百出，这样的推理也没有意义，也是一种伪逻辑。

比如，有些专家、学者讲企业的经营之道，听上去有理有据，但是仔细一推敲，就会发现是伪逻辑。在生活中，这样的例子比比皆是，特别是一些骗子，经常用伪逻辑洗脑他人。看下面这个例子：

> 某专家在线向观众推销他的课程，他这样讲："这实在是个千载难逢的机会，只要你想创业当老板，现在就请加入我们。从此，你将开启步入人生巅峰之旅。我们聘请世界顶级大学的顶级专家，经过10多年的潜心研究，开发了这套商业课程，让学员真正做到无师自通……"

虽然整个演讲气氛热烈，但这段话的逻辑却是实实在在的伪逻辑。至少，我们也要拍着脑门想一想：当老板的门槛真的那么低吗？听几节课，报几个班就OK了？当然不是。

再如，销售人员为了刺激你购买商品，往往会这样说："喜欢就买吧，钱都是赚来的，不是省出来的，你看哪个有钱人的钱是省出来的？所以，只有敢花钱，才能赚大钱。"

听上去似乎有那么一点儿道理，其实也是伪逻辑。很简单，首先，富

人花钱不一定都是为了消费,很大一部分是为了投资,是为了追求一定的价值和回报。其次,普通人的消费习惯、思维方式与富人是有差别的,既不可同日而语,也没有可比性。

所以说,在生活中一定要学会理性思考,必要时要通过逆向思考,来仔细辨别哪些是伪逻辑,哪些是偷换概念或其他,这样就不容易被"洗脑"了。

2. 自验预言:消极暗示带来消极结果

自验预言,倾向于获取结果来验证已有观点。自验预言是让预言自身变成真实的一个预言。例如,一个人认为自己将在工作中表现非常糟糕,于是他就不那么努力地去面对自己的工作,结果如自己所料,会真的特别糟糕。在心理学上,这种现象叫作自验预言效应(又叫皮格马利翁效应,由美国心理学家罗森塔尔提出)。

那么,为什么总是好的不灵,坏的却特别灵呢?

这是因为糟糕的结果都是因为不够努力造成的,而所有好的结果需要付出更多的努力才能够获得。比如,当你预判这次面试不会太顺利,那么在面试过程中你就会变得有些消极。在许多情况下,这是一种潜意识的活动。

特别是在人际交往中,这种效应特别明显。当你认为某个人会伤害你,或者他会对你不尊重的时候,那么在与他接触的过程中,你会不自觉地表现出消极的态度,甚至会在潜意识里排斥对方。这么做的结果就是对方真的会伤害到你,或是对你不够尊重。于是,你认为自己的预判非常准确。

相反,正向自验预言能够提升一个人的行为动机的品质。只要我们从心里觉得结果一定会越来越好,那么所有事情就可能会向好的方向发展。

或许最终的结果不太符合我们的预期，但终归是向好的方向发展。

所以，当你陷入困局时，一定要有一个积极的想法，这样才可能产生一个积极的结果。而不要轻易作出糟糕的预言，那样我们就等于跳进了"思维之坑"。

3.霍桑效应：渴望获得他人的认同

该效应源于1924—1933年的霍桑实验（参见《霍桑实验：为什么物质激励不总是有效的》，[美]乔治·梅奥著），它是指当人们意识到自己正在被关注或是被观察的时候，会刻意地去改变一些行为或者是言语表达的效应。也就是说，从旁观者的角度，善意的谎言和夸奖真的可以造就一个人；从自我的角度，你愿意自己是什么样的人，你就能成为什么样的人。

举个简单的例子。有个男孩爱打闹，非常调皮。一天，突然听说老师来家访，而且已经到自己家了，于是，他就会变得很乖，会安静地坐下来写作业。这是因为，他感觉到自己被关注了，于是倾向于展示自己积极的一面给别人，以获得别人的认同和赞赏。

这种效应给我们的启示是：可以利用这种效应积极的一面，在心中明确自己期待成为哪种人，这样做的结果就是使自己更能受到这种效应积极的作用和影响。

反过来看，有时我们也要避免霍桑效应，在展示自我的过程中，要表现出更积极的心态与开放的思维，而不要太在乎他人的看法，或是受限于自己的偏好。

4.断章取义：盲目地相信

今天，我们生活在一个信息爆炸的时代，我们通过网络渠道了解到的

 逆向思维

观点、知识、结论未必是正确的,即便它有时候看起来那么"正确",那么"上口"。而这些有意或无意的误导信息为了快速地收罗盲目的注意力和支持率,"断章取义"是其采取的最为常见的方式。

比如,我们经常听到这样一句话,"跳进黄河洗不清",因为黄河水极为浑浊,跳下去清洗也不可能洗干净,但日常我们常说成"跳进黄河也洗不清"。原本说的是黄河水浑浊不能洗净东西,但加上了一个"也"字,却显得黄河水有多干净似的。

生活中,类似的断章取义的事情有很多,所以,我们要始终保持理性,用连续的思维尽可能地看到事情的原貌,这样才会避免被误导。

5. 错误归因:感性胜过理性

归因,指的是对于事件的原因的判断。错误归因,即指对事件的原因作出错误的判断。为什么会出现错误归因?一是因为人们习惯从道德层面去判断他人,而看待自己的问题时则会考虑客观因素。例如,在路上开车,看到前面车里有人往外扔垃圾,我们会认为:这个人的素质真差!而如果扔垃圾的那个人是自己,或是自己的家人,我们会这么想吗?当然不会,我们会为自己找各种借口。二是由于人的认知局限。例如,我们经常根据自己的经验去识人。

> 子羽第一次拜见孔子时,孔子见他其貌不扬,印象不好,觉得长相这么丑的人怎么会有才气呢?所以孔子就对子羽态度不是很热情,也不想认真教他。子羽自感无趣,只好退而自学。以后他刻苦自励,终有所成。孔子知道后深为后悔,发出了"以貌取人,失之子羽"的感叹。

生活中，当我们陷入上述"思维之坑"时应该多一些理性的分析，少一些感性的见解。同时，要不断优化自己的思维方式，以提升自己的认知水平。只有这样，我们才不会被惯性思维拴死，而应用开放性的、多样性的、创造性的思维去面对现实世界。

第七章
"思维转弯",拒绝低效率的勤奋

投资家沃伦·巴菲特的好搭档查理·芒格说过:"不去试图成为聪明人,而是避免成为蠢货。"在职场中,"忙"不是错,但低效率的勤奋就是一种蠢行。请不要再把自己撑得像只陀螺,赶快停下来,尝试用逆向思维重新定义你的职场人生,做个聪明的高效能人士。

逆向思维

在"变"与"不变"中驾驭自己

用逆向思维看世界,你会发现,这个世界唯一不变的就是变化。不论做什么,只有在顺应变化中看到"不变",在不变中看到变化,才能赢得先机与主动。对于企业而言,变化的是经营形式,不变的是服务。

IBM是一家知名的IT公司,多年来,一直致力于为企业客户提供更好的服务。在IBM看来,变化的是技术和市场,不变的是商业服务。早些年,当IBM发现很多没有雄厚技术实力的公司都可以做PC业务时,就果断地将这些业务出售,然后专注于客户服务。之所以这么做,是公司认为技术只是手段而已,服务才是企业生存与发展的根本。

随着市场的变化与发展,从早期卖办公设备、计算机,到后来卖软件,卖服务,IBM一直在调整自己的业务领域,在不断地转型,但其商业模式的核心从未改变,即所有改变都是围绕服务展开。正因如此,公司才实现了基业长青。

对于个人而言,变的是你对社会、生活的认知和态度,不变的是你的初心、追求。

张某30多岁了,是位建筑设计师。他一直在纠结,要不要报个培训班,去学习编程。

"30多岁了才去学编程,再说你之前也没有一点儿基础。"身边的人对张某的想法很是不解。的确,一个计算机工程师至少需要上万小时的训练,算下来也要10年的工作经验。但张某说:"我学的不是编程技术,而是计算机思维。用这种思维方式服务于自己熟悉的行业,扩大自己的优势。"

这个时代不会亏待终身学习的人,更不会冷落主动适应时代变化的人。在这个案例中,即使张某没有机会成为一位编程高手,但是他的思维、眼界也足以让他在自己的本职工作中出类拔萃。

可以说,在急速变化的时代中,如果跟不上变化,那么就可能"石化"。所以,我们必须快速升级自己的大脑,不但思想要跟上,而且要超前。与此同时,我们还要懂得逆向思维,懂得在追随变化中思考不变。

当所有人都在依据变化行事的时候,当大家都在担心自己的商业模式会因新技术和新模式的崛起而被迅速颠覆的时候,亚马逊的创始人贝佐斯却在思考这样一个问题:"在接下来的10年,什么是不变的?"

通过逆向思考,他给出了这个问题的答案,未来有三件事是不会改变的:自由选择、最低价格、快速配送。

贝佐斯认为,即便再过10年,也不会有人出来反驳说:"嘿,贝佐斯,我喜欢你,我喜欢亚马逊,可是你的价格能再贵一点儿吗,配送得能再慢一点儿吗?"

找到了这三件不变的事情后,贝佐斯便将亚马逊的主要资源都投入在了这三件事上,并获得了巨大的成功。

 逆向思维

其实,像贝佐斯这样的"逆向思考"模式,完全可以运用于我们的日常生活与工作中。例如:

当很多人都在追求某种时尚、潮流的时候,我们是否可以坐下来想一想,究竟什么才是永恒的时尚与潮流?什么样的东西才最能经得起时间的考验?

当身边所有人都说,10年之内我们的许多工作都会被机器取代的时候,我们应该思考,还有哪些工作是机器永远也取代不了的?

平时,只有多运用这样的思维去面对现实中的新现象、新问题,我们才能冷静看待急速的社会变化,才能从危机四伏中找到新的机会,而不会因为变化而焦躁、迷茫。

"穷忙"真相:低效率的勤奋

工作中常见一种人,他们兢兢业业、忙忙碌碌,工作却没有起色,而且经常漏洞百出,说白了,这就是一种"穷忙"。这样的人习惯让自己始终处于周而复始的繁忙状态,从而营造出一种"高效率"的假象。

要知道,做事多永远也取代不了思维上的勤奋。如果说做事多就可以获得财富,那么,财富最多的就应该是那些日出而作、日落仍然不歇的人。可是,事实呢?

我们很多人每天玩命地工作,拼命地加班,别说什么996工作制,就是770工作制也毫不含糊,但是,为什么赚不到买房的首付款?不是说勤劳致富吗?现实情况是,勤劳而不富有的人满大街都是。为什么会这样

呢？因为勤劳包括勤于动脑。大多数人都不回避身体上的"懒惰"，却懒得动一动脑子。

如今的职场，竞争要靠头脑，而不只是人勤奋就可以了。人勤脑不勤，自然做事效率低、效能低、成长慢。即使如此，我们还是不愿转变做事的思维，反向思考这个问题——怎样才能让大脑变得勤奋起来，进而"解放"自己的身体？

职场高效能人士会拒绝低效率的勤奋，更不允许自己"穷忙"。在工作中，他们会表现出如下四种工作思维：

1. 分清事情的轻重缓急

哪件事情对你来说是重要的？很多人会说所有事情对我来说都重要，都需要按时完成。其实哪有那么多重要的事，我们可以想一想，如果今天只让你完成三件事，那么会是哪三件？

在时间和精力都有限的情况下，只能去完成最重要的事，每天能够保证最重要的三件事按时完成即可，其他的都可以往后放。

做个优先级的安排，让自己少操一些心，也能少一些焦虑。

2. 一段时间内只完成一件事情

如果做一件事情的同时想着另外一件事，或是这件事还没有完成，又开始担心另外一件事，那么，这样工作的效率自然不会太高，还容易产生焦虑。

在一段时间内，要把精力集中在一件事情上。在努力完成这件事情之后再去考虑其他事情，只有这样，效果才会更好。

3. 做出必要的放弃

其实，安排事情优先级的过程就是一个舍弃的过程。在这个过程中，要放弃一些无意义的事情，以及一些做起来难度较高的事情也可以暂时放

弃。否则，努力了半天，仍然达不成结果，更容易产生焦虑。

学会放弃，明确重要事件，集中精力去完成，这样想的事越少，效率就越高，努力才有结果，焦虑才会减少。

4. 要有价值交换的观念

工作的本质是用自己努力的结果去和公司、客户交换回报。在工作中，我们一定要有这样的思维，即要用自己的价值去和老板交换、去和客户交换、去和价值交换、去和时间交换、去和社会交换。这就要求我们必须要提升自己的时间价值。同样一段时间，你低效率地忙碌所创造的价值可能不如别人一支烟的工夫创造的附加值高。为什么呢？因为人家80%的精力聚焦在了20%高附加值的事上，而你恰恰相反，你把80%的时间与精力用在了20%最不重要的事情上。当然了，谁在单位时间链接更多人，帮助更多人解决问题，创造更多价值，谁就可能赚更多钱，谁的竞争力就更强。

世界对每一个人都是公平的，但倒过来看，又是不公平的。为什么呢？因为每个人对这个世界的认知不同。一个人的认知能力决定他的财富多少，我们很少会赚到自己认知范围之外的财富，即使偶尔因为运气赚到，也会因为能力失去。如果一个人的财富大于自己的认知能力，那么，他会有100种方式失去这些财富，直到他的认知和自己的财富相匹配。

反转思维，劣势也是优势

职场中，大多数人都不喜欢在别人面前暴露自己的缺点、劣势，因为它们会影响自己的形象与竞争力。其实，运用逆向思维可以将它们转变为优点、优势。如何把自己的缺点转变为优点？在人们看来，似乎不大可能做到，因为它有违常理。

其实不然。例如，内向的人一般都不善于交际，尤其是在社交场合，性格内向就是一个人的劣势。如果运用逆向思维，你会发现，内向的人更善于思考、分析，相比之下，他们表达时逻辑更缜密，做事更认真。那么，这不就是优势吗？

周信芳是著名的京剧表演艺术家，其唱功苍劲挺拔，浑厚有力，深受观众喜爱。但是，就在其表演艺术渐趋成熟、日臻完美的时候，发生了一件让他意想不到的事：嗓子哑了。

对一名艺术家来说，这是一个致命的打击。大家都认为周信芳会因此淡出舞台，结束自己的表演生涯。但是，周信芳并没有怨天尤人，而是一不气馁，二不取巧，决心闯出一条新路来。

在冷静分析过自己的嗓音条件，反复思考后，他决定在唱腔上讲究气势，学"黄钟大吕之音"（黄钟和大吕皆为我国古代的音律，主要用来表现音乐或言辞作品的庄严、和谐、气势磅礴。《周礼·春

逆向思维

官·大司乐》记载:"乃奏黄钟,歌大吕,舞云门,以祀天神。"郑玄注:"以黄钟之钟,大吕之声为均者,黄钟阳声之首,大吕为之合。")。于是,他先是下大力气练气,做到发声气足洪亮,咬字有力。又在体会角色的思想感情方面特别努力学习,确切地表现出人物的性格和气质。经过一段时间的探索,他在唱腔上逐渐形成了苍劲强烈、韵味醇厚的特色,创造了独树一帜的麟派艺术(参见《周信芳与麟派艺术》,李晓、黄菊盛主编),为世人所称道。

嗓子哑了对周信芳来说是一个劣势,但从另一个角度来看,这也凸显了他的优势:他可以尝试前人没有走过的路,可以不陷入思维定式中,可以闯出属于自己的辉煌。许多时候,一个人的优势往往源自他的劣势,而劣势之中又往往孕育他的优势。明白这个道理的前提是,我们要学会运用逆向思维。

2016年,有一档艺术脱口秀节目非常火,名叫《艺术很难吗》。主持人在第一季采访到了一些知名的作家、美学大师,全网播放量超过1亿人次。但让观众难以想象的是,这么火的一档节目,主持人却没有受过专业的艺术教育。那这个节目究竟是怎么火起来的呢?

起初,这位主持人也曾饱受质疑。她辞去电台的工作后,与一个做新媒体的朋友共同创办了"意外艺术媒体",他们想用自媒体来报道艺术圈的资讯。

然而,真正开始做,她才发现艺术专业知识才是他们最大的劣势,她们的报道不仅不被圈内人认可,还被批评为"不专业,太戏谑"。的确,团队里面90%的人都是非艺术专业出身,这让她有点儿自卑。

闲下来时，她常问自己："艺术很难吗？"经过一段时间的反思，她决定放弃对艺术的专业讲解方法，而是用一种通俗的方法来阐释艺术。在明确了节目的定位后，《艺术很难吗》开始上线。正是因为这种接地气的艺术讲解方式，才受到了大众的一致好评。

这个案例中，主持人运用逆向思维打造了一档颇有人气的节目，只用了不到两年时间便超越不少同行，成立国内一个知名的互联网艺术社群。在工作中，适当地运用逆向思维不但可以打破他人固有的偏见，还可以让你的劣势成功地转化为优势。

实际工作中，我们如何把劣势转化为优势呢？下面提供几个简易的方法：

1. 调整好心态。保持乐观，理性对待，避免偏激。

2. 换一个角度看，转换关注焦点，看到的世界就会不一样。因为任何事物都有两面性，有坏的一面就一定有好的一面，所以要充分看到和利用。

3. 从长计议。看问题的眼光要足够长远，要着眼于长期的利益，而不只是短期的利益。

4. 取长补短。因为一个人的发展上限往往取决于他身上最短的那块"木板"，所以，应该时刻注意取长补短。

5. 在别人看不到的地方发力。多数人都不看好的时候往往意味着机会的存在。

无论工作还是生活中，我们都要学会把自己的劣势转化为优势，只有这样，我们的人生之路才会越走越顺，越走越宽。

 逆向思维

反弹琵琶,用逆向思维创新

每一种有效的思维方式的确立都必然遵循一定的科学规律:逆向思维之所以能逆行而顺成,并且取得好的结果,是因为有其必然的科学根据。唯物辩证法的根本规律——对立统一规律告诉我们:事事有矛盾;时时有矛盾,矛盾无处不在,无时不有;矛盾双方的对立统一引起了事物的运动、变化和发展。

正是因为逆向思维让我们更好地看清并把握事物的矛盾,所以,善于使用逆向思维的人创新意识更强。

意大利物理学家伽利略运用逆向思维法发明了温度计。他曾应医生的请求设计温度计,但屡遭失败。有一次,他在给学生上实验课时,由于注意到水的温度变化引起了水的体积变化,使他突然意识到,如果倒过来,由水的体积变化不也能看出水的温度变化吗?循着这一思路,他终于设计出了当时的温度计。

生活中,很多创新都离不开逆向思维。这是因为逆向思维不受常识或常见表象的束缚,能够见人所不见不识之处,从而产生新的创意。

匏瓜的果实与葫芦看上去很像,但体积稍大,将其一剖为二,可以当作水瓢使用。这种水瓢有一个缺点,就是把它放到水面上时不容易保持

平衡，水瓢的把儿总是浸在水中，会把脏东西带进水里，污染饮用水。同样，用水瓢舀取农药药水时，浸在药水中的水瓢把儿沾上了农药，也会带到人的手上。那有没有简单的办法能够使水瓢把儿不浸在水中呢？

这里可以运用逆向思维，变不平衡为平衡——在水瓢把儿的另一端加一个配重，使其底部可以保持平衡。经过这样的改造，再把瓢放到水面上，它就会像小船一样浮在水面，水瓢的把儿也不会浸入水中了。

除了产品、技术等的创新之外，一些颠覆式的发明或是里程碑式的发现也都离不开逆向思维。

1820年，丹麦哥本哈根大学的物理教授奥斯特在实验中发现：将小磁针放在一根通电导线附近，小磁针会出现偏转；一旦切断电流，小磁针会立刻恢复到原先静止的位置。这一现象清楚地表明电流周围能产生磁场。

他的发现传到欧洲大陆后，吸引了很多人加入电磁学的研究。英国物理学家法拉第重复了奥斯特的实验。果然，只要导线通上电流，导线附近的磁针会立即发生偏转。他深深地被这种奇异现象所吸引。

当时，德国古典哲学中的辩证思想已传入英国，受这种思想的影响，法拉第认为电和磁之间必然存在联系并且能相互转化。他想既然电能产生磁场，那么磁场也能产生电。为了实现这种设想，他从1821年开始做磁产生电的实验。虽然经历了无数次失败，但他坚信：反向思考问题的方法是正确的。

10年后，他设计了一个新的实验：他把一块条形磁铁插入一个缠着导线的空心圆筒里，结果导线两端连接的电流计上的指针发生了微弱的转动！电流产生了！随后，他又设计了各种各样的实验，如两个线圈相对运动，其磁作用力的变化同样也能产生电流。1831年，他

逆向思维

提出了著名的电磁感应定律,并根据这一定律发明了世界上第一台发电装置。(参见《法拉第传》,[美]约瑟夫·阿盖西著)

法拉第成功地发现了电磁感应定律得益于他使用逆向思维方法。可以这样说,在人类的创造、发明史上,逆向思维为我们带来了许多意想不到的人间奇迹。

特别是对于从事研究、分析之类工作的人,在工作中不但要有创新精神,更要有逆向思维。只有善于打破常规、突破原有的思维框架,才能形成独特的创新思维,从而解决问题。

高能低薪?都是思维惹的祸

我们最常见也最费解的一个现象是:能力不如自己,或是远不如自己的人,却可以拿比自己更高的薪水。的确,除了能力不如你,还有人生阅历不如你,智商不如你,亲和力不如你,形象不如你,但收入就是比你高!

究竟是什么限制了你的收入?是思维!

一个人在职场能取得什么样的成绩看似取决于他的能力,实则与他对人对事的思维、思考方式有关。使用不同的思维、思考方式,得到的结果也是不一样的。

所以,在看待"高能低薪"这个问题时,我们需要逆转思维——不是你比别人会做,而是别人比你会想。要知道,思维决定一个人的能力上限。因为思维跟不上,能力自然也强不到哪里去。

同样的工作,你在这家公司一月拿 3000 块,我在那家公司一月拿 3 万块,你和我说:"我们都是做销售,学历相同,专业相近,工作年限差不多,你们公司老板真好,给你们开那么高的工资。"这种表述本身就存在缺陷。

那如果我客气一下,说:"是啊,老板不差钱,就是喜欢开高工资,其实我傻,也不懂,要多向你学习呀。"那你是不是要收了我这个"学生"?

一个月薪 3000 块的人教月薪 3 万块的人怎么工作,且不论别人会怎么看,至少你对事情的认知是有问题的。许多时候,收入不能直接证明一个人的能力有多强,但至少可以说明他的贡献与价值有多大。

有个年轻人在一家公司做销售,月薪 3000 元。他为人比较实在,工作兢兢业业,经常与客户有一说一、有二说二,但客户还是说他在忽悠人。老板觉得他人不错,对他进行了重点培训。但是,他还是无法胜任这份工作,结果被辞退了。

与他同来的另一位小伙子,上班经常打游戏,还迟到早退。从他进公司的那天起,就有人盘算着:看他能潇洒几天。一个月、两个月过去了,他过得似乎更加潇洒,不但开老板的玩笑,还偷喝老板的咖啡。平时与同事聊天,张口闭口就是"3 年买宝马,5 年娶白富美,10 年做行业顶级经纪人"。大家都当笑话听。

有人不解:老板是傻吧,这招的哪是员工,分明是位"大爷"啊。每天看着老板和这位"大爷"有说有笑,大家更是满脸的问号。

终于有一天,谜底揭开了。这位"大爷"是老板花大价钱从别的公司挖来的。因为他不但有一些大客户资源,还非常善于与客户谈判。他来公司的第一个月就为公司创造了 200 万元的利润,光个人提

 逆向思维

成就拿了5万元。

从这个案例可以看出,职场既看一个人的能力,也看一个人的贡献与价值,还看一个人的资源。所以,你看到的一些"高能低薪"或是"低能高薪"往往是一种假象。如果一个人只有能力,而没有贡献、价值,没有资源,那么何谈高薪?

一个人之所以看似能力平平却可以拿高薪,往往是因为他对公司的贡献与价值比别人更大。这既与能力有关,也与思维有关。

通常,这样的人具有以下三种工作思维:

1. 漏洞思维:工作做到极致

在工作中,他们看似闲庭信步,一副怡然自得的样子,其实,每时每刻他们的脑子都在高速运转,在查漏补缺。

例如:M是做电话营销的,他每天都在做电话拜访、电话跟踪、网上卖货,日复一日重复着工作。每天重复做这些事情,没有一点儿技术含量。但是,他会不断查找工作中的漏洞,并及时采取补救措施,从而把工作做到极致。

对于大多数人来说,都缺少反省自己工作漏洞的思维,而是像"机器人"一样,每天只知道低头干活,重复重复不断重复,却不反省自己做的工作存在哪些漏洞。正因为没有察觉漏洞的思维,所以经过他们手的工作根本达不到极致,因而无法实现超越。

2. 目标思维:衡量个人的成长

60%的人不会给自己设定标准,借以衡量自己的成长。在工作中,如果没有目标的指引,就容易变得散漫。目标是你在既定的期限内要完成多少个任务,以及明确要达到什么样的标准。例如,你是做设计的,目标是

一周设计 5 张有格调的海报，一周前设计的海报普普通通，现在一周可以设计 10 张，而且设计得特别有格调，那说明目标、标准都达成了。

没有目标和标准就相当于没有靶子去训练枪法，拿着枪根本不知道往哪里打，当然训练不出好枪法来。记住：你要给自己设定目标和标准，然后拿目标和标准来衡量你的成长。

3. 全局思维：提升自己的薄弱环节

这要求你全盘考虑自己的职业现状及前景，并做出有针对性的改进。尤其是要清楚自己的薄弱环节，把它视为接下来的成长点。

H 从事 IT 行业 6 年，曾经有一段时间，他觉得自己遇到了职业瓶颈。这个时候，他突然接到一个外包项目，要做一个 APP。在做的过程中，他需要做很多环节的工作，包括组建团队、分工、沟通、文案、项目运营等。这样做下来之后，他突然意识到了自己的劣势是管理和沟通，于是便有针对性地学习这部分内容。之前，他在从事技术研发时根本没有意识到自己的这个卡壳点。

由此可见，想不断提升自己，就必须有全局思维：在每个环节中寻找到自己的卡壳点，哪个地方卡住了就代表那个地方存在你的短板，就代表你要在那个地方提升和突破。

工作中，面对"高能低薪"问题时要运用逆向思维，只有这样，才能读懂其背后的逻辑，否则，很容易陷入一种"思考流于表面"的困境，怎么想都想不通，越想越难受。

 逆向思维

高效能人士的6种逆向思维

在信息时代,各方面事物都在迅速迭代升级,固有思维只会让人越来越累,只会让人与时代脱节。要想从格局和行动上改变这种被动状况、跟上社会与时代发展的节奏,就一定要学会改变自己固有的思维方式。

现实中,高效能人士习惯利用逆向思维来高效解决问题,他们常用的逆向思维方法主要有以下六种:

1. 结果倒推法

结果倒推法是指,以期望的目标为基准,从后往前来推测的一种方法。在解决问题时,我们往往习惯于从现有的条件出发,条件有多少,就做多少,也就是说,条件决定结果。如果我们以期望的目标从后往前来推测,那么你会发现,很多问题就迎刃而解了。

比如,你5年内想要去100个地方。那么在第3年,你应该去过60个地方,第四年,应该去过80个地方,以此类推。使用倒推法可以从剩下的时间反推算出每天该做的事。

2. 方位逆向法

方位逆向,就是双方完全交换位置。它不仅仅是指物理空间的交换位置,更是指一种对立抽象的本质的位置交换。相反相成的对立面有:入—出、进—退、上—下、前—后、头—尾等。

G先生做财产保险销售工作，而且专门负责珠宝行业的财产保险。行内人都清楚，这个行业被盗的风险极高，所以，很少有人敢做这个行业的业务。但是G先生将风控做得非常好，从来没有出过什么差错。于是，不少人向他请教："你到底是怎么做到的？"

他说："运用逆向思维。"原来，他找到几个因盗窃珠宝而刑满释放的人员，从他们口中了解到了什么样的珠宝店铺更容易被盗。在这个基础上，再升级防范措施，于是，风险就被化解了。

一般人想做珠宝行业的业务，无非站在保险公司或店铺的角度，去考虑如何"守"才能将风险降到最小；G先生却站在偷盗者的角度，去考虑如何"攻"，再反过来做布控防范。

掌握这一方法的关键是设身处地地交换位置。在方位逆向的实际应用中，需要你真正站在他人的角度，尤其是存在利益关系的"敌对方"的角度来看待和分析事情。

3. 因果逆向法

因果逆向，即倒因为果，或倒果为因。这种方法在现实中有着非常广泛的应用。倒因为果最让人津津乐道的案例当属人类对疫苗的研究。人类在抗击一场场灭顶之灾的努力中，毫无疑问，唯一有效的法宝就是倒因为果的逆向思维下产生的战略——以毒抗毒。

据史料记载，在宋代，人们为了治疗天花病患者，会把病人皮肤上干结的痘痂收集起来，磨成粉木，然后取一些吹入患者的鼻腔。之后，这种技术经波斯、土耳其传入欧洲。不只在医学领域，生活中的方方面面都离

 逆向思维

不开倒因为果的逆向思维方法。

4. 属性逆向法

通常,事物的属性是多向位的,我们可以从多个角度去看一件事情。观察的角度不同,看到的性质也就不同,而且这些性质是可以相互转化的。比如:好—坏、大—小、强—弱、有—无、动—静、多—寡、热—冷、快—慢、增—减、生—死、出—入、始—末、水—火等。

5. 心理逆向法

所谓心理逆向,简单来说,就是你希望某人做一件事,但是不论你怎么要求,对方就是不这样做。因为,我们的心理产生的效应永远都是这样—— 一切的禁止都意味着加强。而且,一些悖论性的心理法则似乎也在间接地证明逆向思维的存在。这些法则包括:

韦伯法则:如果你非常顺利地找到停车的地方,那么你就会找不着你的车(参见《简明心理学辞典》,杨治良著)。

梅尔法则:不到最后一分钟,绝不行动。(参见《5秒法则》,[美]梅尔·罗宾斯著)

6. 对立互补法

对立互补法又叫雅努斯思维法(参见《"雅努斯"式思维的矛盾共同体——试论超现实主义的逻辑悖论》,陈冠著),"雅努斯"是罗马神话中的一尊两面神,传说他的头部有两副面孔,后面的凝视着过去,前面的注视着未来。对立互补法,就是以把握思维的对象中对立的两个面为目标,自觉遵循逆向路径研究问题,善于把正向思考和逆向思考有机地结合起来;要求人们在处理问题时既要顺着正常的思路研究问题,也要倒过来,从反方向逆流而上,从而看到正反两方的互补性。

研究表明，善于运用逆向思维的人，其逻辑能力与解决问题的能力更强。这是因为，他总是能够比常人多一种思维方式和思维角度，而且更容易让思维形成整体的闭环。这就如同做数学题中的验算，如果只是顺着解题思路验算，出错的概率要比倒着推演高。

第八章
"逆向管理"，快速化解经营难题

制约企业发展的最大瓶颈往往不是资源，甚至不是核心竞争力，而是最高管理团队的思维定式。一个企业的管理问题归根结底是管理者本人的问题——认为自己没有问题恰恰是管理的最大问题与风险。所以，从现在起，请闭上你的嘴，别再找员工的麻烦！

 逆向思维

员工差？说到底还是管理不行

一个领导者的管理水平如何，主要体现在思维上。通过一个领导者的思维方式，基本可以判断其管理能力。拥有逆向思维，善于逆向管理的领导者，因为能够克服思维定式的局限，打破流程的固化，不局限于经验的框框，所以更善于发现问题、分析问题和解决问题。

有一家企业，人员流失非常严重，不是新来的员工不胜任工作，就是老员工频频离职。为了留住老员工，老板的管理方式简单粗暴：加大奖励与惩罚力度，实行严格的绩效考核。但结果并不理想。如此一来，大的订单不敢接，已经接的订单不能按时完成，严重影响了公司的正常经营。

于是，老板咨询了一位资深的企业运营专家，专家给出的建议是：别再想着考核，想着惩罚，从现在起，只管给员工发钱。

一是让新员工自主选择薪酬计算方式。

之前，老员工带新员工，新员工来了之后，技术跟不上，薪水提不上来，所以想离职。现在，公司除了要安排员工食宿，还将新员工的保底工资期限从一个月提到三个月，即在三个月之内，员工可以自主选择计薪方式——计件工资或保底工资。

二是对有贡献的老员工及时给予现金奖励。

及时了解老员工的想法，鼓励大家创新，对于在新产品研发中有

贡献的员工，及时发放现金奖励。

老板有些不解："这会增加企业的运营成本！"

专家说，这个问题你倒过来看。只有员工挣到钱，企业才会赚钱。管理不是克扣员工工资，也不是通过节约员工成本来扩大经济效益！不舍得给员工发钱的企业是做不大的企业。

这位老板按照专家的建议改革公司的管理制度。改革后，员工的平均薪资比之前增加了30%，与此同时，企业的盈利实现了翻番。看到这样的结果，这位老板不得不感叹："愿意给员工发钱的企业一般不会出大问题！"

拥有逆向思维的企业管理者在企业发展遇到瓶颈时，往往会尝试一些颠覆性的做法，而不是墨守成规，对陈旧的管理制度进行修修补补。由此可见，要做一个优秀的管理者，不仅需要过人的天赋、知识、资历、实践、心态、情商，更要有积极的逆向思维。

在传统的管理思维中，大多数管理者更倾向于使用关键绩效指标考核，来达成管理的目的。因为这样可以让员工从繁忙的工作中解放出来，只需完成上级下达的各项指标即可。但是，许多管理难题是无法通过这种方式来解决的，这时候，只有改变管理思维。

在实际管理工作中，以下三种逆向管理思维已经被证明是简单且行之有效的：

1. 别把员工当下属，要当伙伴

传统管理思维认为，管理就是管人理事，不会管人，或是不想管人，那要你这个管理者有啥用。所以，管理者的工作总是以"管"为主，仿佛不"管"就是失职。

其实不然。在一个崇尚自由、个性化的时代，特别是年轻人，他们对一些硬性的制度约束、强压管理的方式有着很强的逆反心理。这时，需要管理者放下所谓的"身份"，以合作者的姿态与他们相处，尊重每一个人，把他们当伙伴。

2. 给员工福利越大，企业收益越高

这听上去有些自相矛盾，其实不然。管理学上有句名言，人工成本最高时，也是企业利润最大时。在现实管理中，你对员工越好，越舍得为他们争取利益，你管理起来就会越省心。道理再简单不过，只要你站在员工的角度为他们说话，为他们谋福利，员工就会认可你、信任你，也愿意与你进行坦诚、深入的交流。正如任正非所说："钱给够了，不是人才也变得有才了。"因此，总是有一些笨领导在感叹"员工越来越难管理"，其实不是员工难管，而是你的思维跟不上。当然了，员工从来就没有好管过。所以，作为管理者要适应形势，用新的方法解决老问题，调整管理思维，否则终将被淘汰。

3. 管理者是服务人员，员工才是主人

虽然现代企业管理的观念在迅速改变，但是仍有不少管理者会把自己的角色定位定得很传统：发号施令者、监督者、管人者。虽然他们也知道这种角色定位已经过时，但还是乐此不疲。这样做的结果就是让自己成为不受欢迎的上司，所辖部门士气和绩效都不怎么样。

一家企业就像一条船，要全员共同努力，才能破浪前进。为此，全体船员各司其职，共同配合；大家只是分工不同，没有谁高谁低。这样，每个人都能找到存在感与价值感。要做到这一点，管理者必须要把自己当服务人员，服务的对象当然是员工。只有这样的管理者才能带出优秀队伍，才能培养出好人才。

优秀的管理者应该像桥梁，他可以连接不同的人和组织，为此，他既需要了解不同人的真实想法，也需要清楚自己的认知优势与能力，这就要求他必须用多维视角去看待问题、思考问题，不断转变思维方式——逆向思维恰是经常被用到且极为重要的一种。

最有效的管理，就是削减管理

一个优秀的管理者在团队内部一定是缺少存在感的。为什么这么说呢？因为优秀的管理者只专注于解决问题，而不是事事、时时让自己变得不可或缺。对于创业型企业来说，管理者的主要工作是找对路，是引领方向。对于大中型企业来说，管理的最高境界就是将"管理"这个词扔掉。

没有管理的管理，不等于不做任何管理。但是，如果是过多的管理介入，那么一方面会抑制员工自驱的积极性，另一方面会让员工认为只要没有规定不能做的那就都可以做。太过精细化的管理也会让组织处于一种脆弱的状态。这方面需要理解老子的无为之道。我们也可以看一下小米公司的成功之道：

小米公司拥有庞大的技术团队、繁杂的业务，公司却以"轻管理"著称。在小米公司，管理极度扁平化，没有KPI，不做PPT，组织架构也非常简单，甚至员工可以不做工作报告和年终总结。在许多公司看来，这有些不可思议。

在一些小米高层管理者看来，小米的秘诀就在于它是一家"轻管

 逆向思维

理"型公司,小米团队把80%的精力都集中在产品上,而不是耗费在内部的团队管理上。

与小米不同,不少中小型企业都设置了多个层级的管理者。这样做是为什么呢?因为公司发展快,开展了越来越多的多元化业务,导致团队不断增大。那我们不得不问一句:是不是公司越大,业务越复杂,就能创造出更好的产品来呢?答案是:未必。

初创企业一般人手有限,即便想做很多事情,创始人也必须思来想去,确定从一件最重要的事情着手,让有限的几个人将精力集中在最重要的事情上。这样,就可以快速地把第一件事情做好。因为只有这样,才有资源开始做第二件重要的事情。

但是,随着业务的发展,管理者会思考这样一个问题:既然要做的事情那么多,为什么不增加一些人手呢?如此一来,就可以同时开展好多项业务了。

假如一个团队起初有5件事情想做,团队却只有5个人,他只能聚焦于某几件事。当团队扩展至20人的时候,理论上可以同时做10件事情。但是,要让管理者从10件事情中选出一件,其实要比选出5件事情更难。而且,20个人同时做5件事情时,由于大家都不急于完成,最终完成这5件事情所用的时间反而比团队只有5个人的时候还要多。

所以,很多企业永远只维持创业团队的规模,却会聚焦最重要的业务。这是一种"少即是多"的管理思维。这种思维会让你减少许多不必要的管理,同时也让企业不再需要那么多的管理层。

一家企业,想要扔掉多余的"管理",对管理者来说都有哪些要求呢?

1. 要有较强的分析与判断能力

一个管理者在什么情况下最忙呢？一定是在看不清方向，抱着"广撒网"的心态去做事的时候。在众多业务中，找到最重要的事情去做，这对管理者的眼界及其对大局的判断能力都提出了非常高的要求。有远见的管理者不会无头绪地忙，而是会做紧急且重要的事，比如与"风口"相关的事，他会特别在意。

2. 管理者必须是业务能手

很多企业的老板经常想当然地认为，只要找到某一个领域的人才，就可以将某些业务放手不管，自己腾出时间去做更重要的事。其实，这只是在为懒惰找借口。

特别是，当你对公司的新业务缺乏足够的了解就贸然下放权力时，那可能很难保证业务的顺利开展。要知道，很多上市企业的老板或CEO都是业务能手、技术创新的高手，例如乔布斯，他对产品和技术细节的追求在苹果公司无人能及。管理者成为业务能手，会让员工意识到相关业务的重要性，从而激励他们、提升他们的专注度。

3. 管理者必须高度参与业务管理

在传统管理思维中，一把手往往只需要制定企业总体的战略规划，自己并不参与具体的执行，而只做结果的评判者。这样显然有失公允。扔掉"管理"，并不是意味着能省事就省事，而是指放弃那些无足轻重的管理行为。尤其是事关企业核心业务的活动，管理者必须参与其中，如研发过程、与客户的互动过程、质量控制过程等。毕竟，企业的直接目标是指向产品和用户的。如果管理者不负责业务，那么，他就无法有效调动团队。如此一来，何谈管理？

事实上，不管哪种形式的管理，其核心思想都是为了实现团队的高效

 逆向思维

运作,基于这样的宗旨,管理者可以按照自己的方式来"管"、来"理",但企业认不认可、员工接不接受、客户买不买账,那是另一码事。所以,优秀的管理者会不断转换自己思维的角度,尽可能地采取一种既让人舒服又让人"听话",还行之有效的管理措施。许多时候,这些措施都是逆向管理思维的产物,而且它们有一个共同的特点——将复杂的事简单化。可以这样说,在管理过程中,管理者扔掉多余的管理,专注于核心事务,就是对团队最有效的管理。

会"怼"的员工,才算好员工

如果你问100个人:"听话的员工好,还是不听话的员工好?"那么,估计可能会有90个人说:"听话的员工好。""听话的员工,叫他做什么他就做什么,让他怎么干他就怎么干,这样的员工又怎么不讨人喜欢呢?""听话的员工忠诚,而且好驾驭。"

当然,也会有人这样说:"我会选择不听话的员工,因为这样的员工有个性、有主见,有更强的表现欲与创造力。"

在这个问题上,可谓仁者见仁、智者见智,每个管理者都有自己的考量。但是在多数善于逆向管理的人眼中,听话的员工绝对算不上好员工,他们反而会更青睐会"怼"的员工。这不是基于员工个人,而是基于企业整体绩效管理做出的判断。

乔布斯是个性格特点鲜明、脾气有些暴躁的人,了解他的人都知

道，他这个人不怎么好相处。在平时的工作中，如果下属有上佳的表现，他会说对方是天才；如果下属表现糟糕，他会用"狗屎"来形容。由于乔布斯对工作标准和产品加工设计的要求非常苛刻，因此被认为是一个严苛的完美主义者。所以，下面的人都非常忌惮他。当然，也有人在被乔布斯说"狗屎"的时候，会说："是你没有理解我的设计意图。"其他人听到这句话，都为这位员工捏了一把汗，认为乔布斯一定会冲着他咆哮。

让人意外的是，乔布斯非但没有生气，还进行了认真的思考，并肯定了他，赞他是"天才"。后来，大家发现，乔布斯并不是非常喜欢"听话"的员工，反而更欣赏那些敢和他对抗的员工，因为这样的员工更善于表达自己的想法。正因如此，在他的团队中出现了几位敢与他对抗并且成功"管住"他的人，这些人都与乔布斯结下了深厚的友谊。

这个案例体现了乔布斯在员工管理中的一种逆向思维——喜欢能够和自己在同一个水平思考的人，这样他可以看到自己想法中的不足或采纳他人的合理意见，也可以让对方了解自己的想法。而这样的人恰恰是那些敢在工作中与他"对抗"的人。

如果换作一般的管理者，结果会怎样呢？大概率会认为这样的员工是刺儿头，是问题员工，并且会因此大伤脑筋。毕竟，在他们的管理思维中，管理者与员工之间就像玩跷跷板，管理者如若不能管住下属，那么很可能会被下属"反噬"。也就是说，管理者要强势，否则，员工强管理者弱，这样势必会破坏组织的平衡。这是绝对不被允许的。

其实，我们可以站在另一个角度想一想：如果管理者太强势，手下都

逆向思维

是一些"听话"的员工，这样的管理真的就好吗？这样真的就是有效管理吗？或者说，员工真的如你想的那样服你吗？许多时候，你看到的可能只是假象。大量的管理实践证明，员工太听话了，不能说是坏事，但绝对算不上是好事。

1. "听话"的员工专业性差

一般来说，越是有才华的人，个性越强，越是有自己的主见与思想。相反，越是无能的人，在工作中的表现越不自信，尤其是在面对他人的意见或建议时，往往显得不够自信，表现出来的就是："对对对，你说得没错。"即使他人提出的意见并不靠谱，这类人也不会有理有据地进行反驳。为什么呢？因为他对自己的专业性不够自信。

2. "听话"的员工缺少活力

在公司，大家一团和气，都唯老板马首是瞻，乍一看上去，这就是向心力，就是凝聚力。而且没有内耗，管理成本低。其实不然，这样的团队非但缺少活力，而且缺少可塑性。

《西游记》中，要说谁最"听话"？应该非沙僧莫属了。这个角色很能代表职场中一部分听话的员工。他们做事规规矩矩，领导说往东，他不敢朝西，领导的话就是圣旨，即便前面是坑，也会毫不犹豫地往里面跳。这样的员工，领导管起来虽然省心，却没有活力，而且长久来看，也不能为企业创造更多的价值。

3. "听话"的员工效率低下

听话的员工虽然一天忙个不停，但是大多时候是在做重复的无创新的工作，按部就班，很少会激发出创造性，不是走到哪儿算哪儿就是被动地等待指令。因为他们太过于习惯等待，以至于不懂得去争取，所以工作总是很被动。并且，他们也不善于发表自己独特的见解，或是表现自己的过人之处，即使满腹才华，也与大多人一样表现得很平庸。因此，这样的人很难被重用。

4."听话"的员工敷衍塞责

同样是"听话"，有的是真"听话"，有的是假"听话"。特别是假"听话"的员工，他们的责任意识普遍淡薄。在一些事情上，他们之所以"听话"，是因为怕出错，怕担责任。说白了，就是"这是大伙的事儿，你们说啥就是啥，你好我好大家好嘛。我可不想操这份闲心"。于是，当有人在前面探路时，他们就习惯跟在后面，亦步亦趋，你说怎么办就怎么办，这样做事最保险，即使出了错也不全是自己的错。由此可见，这种"听话"的员工有很强的投机心理。

综上可见，"听话"的员工果真算不上是好员工。优秀的企业都鼓励员工在工作中表达自己、塑造自己，进而追求自我价值的实现。在谷歌公司内部有一种企业文化，就是"别听河马的话"。这里所谓的河马，可以是老板，也可以是中高层管理人员，还可能是高薪人士。通常，在公司内部他们是权威的象征，除了一些"创意精英"，很少有人会反驳他们的意见。所谓的创意精英，就是绝不在自己的专业性上让步与妥协的人。因为他们将自己的工作和产品当作自己的作品来对待，所以，他们无法忍受降低他们专业水准的事情出现。

当然，这里说的"不妥协"不是指为了"怼"而"怼"，而是一种积极的质疑，一种能力上的自信。

 逆向思维

工作处于被动时,要学会突破传统思维

很多管理者都会遇到这样的问题:由于员工不配合自己的工作,老板只能一个劲儿地施压,导致工作非常被动不说,工作局面始终打不开,最后的结果就是搞得自己里外不是人。究竟怎么破局呢?难道只能一辞了之吗?

其实,这对一个优秀的管理者来说并不算问题,只能算是一种常态。如果这种常态你都应付不了,那么,又怎么进行有效的管理呢?工作被动,打不开局面,可能是自己的管理思维出现了问题。即便员工难管、老板难缠是客观事实,但这也不应成为一个主要的借口。如果什么都不难,什么都如你所愿,那么,还要管理做什么?你的价值又体现在哪里?

有一家小企业,有20多个员工。公司管理层的人事架构是:总经理,一位副总经理,三位部门经理。公司被总经理打理得井井有条。有一次,由于总经理要出差一个月,所以公司的日常事务就交由副总经理负责。副总经理是总经理的远房亲戚,在总经理不在的一个月里,她着实过了把做"大管家"的瘾。一个月后,当总经理回来时,发现公司只剩下6个人了,很是惊讶:"人怎么都跑光啦?"

副总说:"你走了之后,我的工作很被动,有几个员工不服从管理,被我开除了。"

总经理很生气："你这种管理方式太简单粗暴了。"

"现在我们最不缺的就是人，你听我说……"

事后总经理才知道，这位副总三天两头地与员工吵架，她常用的口头禅就是："公司是我们家开的，我们花钱请你们来，你们就得听我的，我说怎么干，你们就得怎么干，哪来那么多的废话。"

有些员工不服气，问："我们在设计方面是专业的，你这样说就不对了。"

"我说你专业才是专业，你说你专业，那就是不要脸。"

……

这样一来，公司上下都弥漫着紧张的气氛。两个尚在试用期的员工见状赶忙打了退堂鼓，佯装家中有事，不来了。有几个老员工也开始混日子，都认为与其在她的手下干，还不如另谋高就，于是陆续离职了。有几个员工不愿主动离职，但又整天混日子，副总经理看着实在不爽，就天天和他们吵架。最后，这几个人被逼离职。不久，劳动仲裁机构寄来了仲裁书。

这个案例中，副总经理的工作之所以被动，没法正常开展，与她的行事作风有一定关系，但关系更大的是她的管理思维。她的管理思维还停留在"舞枪弄剑"阶段，还习惯于通过使用压制性的权力来进行团队管理，这在今天的职场是很容易被诟病的，更何况，现在的年轻人早就不吃这一套了。特别是一些优秀的年轻人，他们有着很强的个性，这种管理思维只会激发他们的逆反心理与对抗情绪。

在实际管理工作中，想从根本上改变被动的局面，就必须转变自己的管理思维，在摒弃一些传统做法的同时，针对一些工作难点、问题进行逆向的或是更深入的思考。具体来说，就是要做到"六看"：

 逆向思维

1. 大处看，小处看

对普通的班组长来说，在日常工作中大多是处理一些琐碎的小事。如果是企业的中高层管理者，其面对的问题可能都是"大问题"。之所以说这些问题大，是因为这些问题涉及面广，且难以解决，否则，也不会上升到需要这个层面来解决。这是管理者首先要认识到的一点，即要从大局出发，看到问题背后的一连串问题，而不是其中的一个问题。

其次，要从小处看这些问题。不要将问题复杂化，而要去积极寻找解决的办法。比如：有没有更好的解决办法，员工对此的反应是什么，问题表现出什么新的特征，等等。

2. 正面看，反面看

任何问题都有两面，看的方向不同，看到的现象也不一样，解决问题的思维逻辑也就不同。举个例子：

你在一家公司做部门经理，由于工作难以开展，所以不得已年底前跳到了一家比先前公司还小但可以提供更高薪水、更好职位的公司。年终时，原来的老板送给你一张"优秀管理人员"的奖状。这时你如何看待这个问题呢？

用正向思维看，可能会得出这样的结论："老板有情有义，说明他还是非常认可我的，我的离开对公司来说也是一种损失。"

用逆向思维看，会得出与上面大相径庭的结论："原公司认为，我的离职是因为我的能力没有被认可，而不是因为薪水。"

每一种观点都不全对，但是综合起来看，可以得出一个相对客观的结论。这就是从正反两个方面看同一问题的原因，既能让管理者更清晰、更客观地认识到问题的根本所在，又可以避免出现思维盲区，从而对形势作出误判。

3.己方看，他方看

管理者要学会分别站在自己及员工，或是自己与老板，或是自己与公司的角度看待同一问题。站在自己的角度看，就是要从自己身上找原因。作为管理者，一定要有管理者的思想境界，因为许多时候，员工的问题说到底还是管理者的问题。所以，从自身寻找问题的原因是管理者必须具备的一种管理思维。否则，那就不是在解决问题，而可能是在制造问题。

与此同时，也要学会站在员工或老板、公司的角度思考问题。以员工为例，他们之所以对你的管理提出异议，可能主要有两个原因，一是委屈了，二是钱给得不到位。

综上所述，当管理处于被动时，需要做逆向思考，以退为进，这样做是为了避开眼前的障碍，防止正面对抗，并对问题做更细致、更深入、更全面的分析，从而找到一条可以解决问题的逻辑链，可以柔性地扭转被动局面。

向上管理：主动打开工作局面

谈及管理，我们首先想到的就是"上级管理下级""领导管理员工""职位高的管理职位低的"，这似乎是天经地义的事情，它就如同一条自然法则，两种角色属性是不可逆的。上级需要通过下级来完成部门任务或目标，这时下级显然是管理对象。

工作中，我们也几乎不去思考"下级如何管理上级"这样"奇葩"的问题，因为这种管理实践极为罕见，至少在99.99%的企业中是行不通的，

更别说处于高层的管理者基本不认可,也不会接受下级的管理。

那么,是不是说在企业中就不存在向上管理呢?当然不是。工作中的上下级关系其实也是一种人际关系,既然是人际关系,那就有互动的属性,就可以被管理。从这个意义上说,下级可以"管理"上级。再者,为了完成上级的任务,下级需要从上级那里获得一定的权限及相应的资源。因此这时的上级也是下级管理的对象。我们习惯将这种管理称为"逆向管理"。

一个善于逆向管理的人往往能赢得更大的职场生存空间和良好的职业前景。因为这样的人能准确定位自己的角色,能恰如其分地把握上下级的关系,与此同时,还能纵向、横向地布局,起到桥梁的作用。

××公司是一家在新三板上市的企业,Y先生是该企业技术部门的职员。由于老板脾气暴躁,经常在办公室训斥犯错的下属,所以大家都很害怕他。

一年后,Y先生被提拔为部门经理。刚上任时,他遇到了不少问题,每次都会向老板汇报。有一次,老板耷拉着脸说:"以后这些鸡毛蒜皮的事就别来麻烦我了,你们看着办吧。"

Y先生清楚,老板嘴上这么说,心里还是非常想了解各个部门遇到的一些问题,并且非常注重对各个部门、各个环节的把控。所以,该汇报的一定要及时汇报,有些事即使自己可以拍板,为了稳妥起见,也要请示老板,让他知情。但是如何做才能与老板产生良好的互动,同时又让老板觉得自己做事稳妥呢?

他是这么做的:

遇到重要的事情时,他会做一个SWOT(企业战略分析方法)分析报告,但是不做任何决定,甚至连建议都很少提。分析报告图文并茂，一目了然。每次看过他的报告，老板会给出一些原则性的要求或建议，他再依据这些要求或建议起草方案，让老板作决定。

如果是不太重要的事，他认为有必要让老板知情，会选择让其他部门的同事来传达自己的意思。

半年下来，Y先生与老板的"配合"可谓天衣无缝。老板私下跟人说："Y先生这个人做事让人很舒服，要是都像他这样，我就省心了。"

这个案例中，Y先生很好地把握了与老板共事的分寸与尺度，既没有被动地接受老板的差遣，也没有事无巨细地向老板请示，同时，在老板没有主动提出的时候就把老板关心的问题都汇报上去了。如此一来，不仅让老板及时了解了部门运作情况，帮老板解除了不少顾虑，还赢得了他的赏识。可以说，Y先生的一系列稳妥的操作把脾气暴躁的老板"训"得服服帖帖，这就是一种成功的向上管理。

由此可见，向上管理并没有想象的那么高深，也不讲究所谓的套路，其成功关键在于真正了解你的上级，包括他的性格、需求、处世风格等。在此基础上，再用你个人的方法、魅力、情感等去感染他，进而获得他的支持，不断给予你所预期的反馈。

通常，在实施向上管理时，要着重注意以下三个方面的内容：

1. 合理调控上司的预期

大凡做领导的，都免不了会对下属提出一些过高的预期。下属要是努力完成了，那是应该的，是你的本职；如果完不成，会被认为是能力不足。所以，当领导把一件复杂的任务交到你手上，你没有十足的把握完成时，你要让领导知道这件事情的复杂程度超出了你的能力，看他有什么反

逆向思维

应。如果他鼓励你，那么可以向他争取更多的资源。在操作的过程中，要经常向他汇报进度，让他感觉自己也全程参与了。这样，领导也会逐渐认识到事情的难度，进而调低对你的预期标准。

否则，不论什么事都一口答应，最后出了差错时只能是自己背锅，还有可能落得个"不够专业""能力欠缺"的名声。所以，要学会合理管理领导的预期。

2. 主动给领导安排工作

有些人会说，有没有搞错，怎么可能给领导安排工作呢？这里的工作，主要指会议、行程、商谈、发言等，要主动为领导安排好这些工作的日程，并做好详细的计划，然后让领导跟着你的计划走就可以了。

需要注意的是，在安排上级的工作时可以利用他的职位、威望和资源，让你的工作变得简单。另外，在遇到困难的时候，要主动请示领导，或是申请更多的资源。

3. 正确引导领导的需求方向

做这项工作时，需要拿捏好充分满足领导需求和引导领导产生合理需求之间的尺度。在原则问题上，尽量正确引导领导产生正确的需求，前提是要和领导保持高频的良好沟通，争取让领导成为你的第一个支持者，或者是在某些方面通过他人及团队给领导施加影响，不要让领导成为最后一个支持者或反对者。

领导之所以是领导，一定有他的过人之处，所以在向上"管理"时一定要做到真诚、自信、就事论事，与此同时，还要做到充分尊重、相互理解，建设性地处理好与上级的关系。

善用逆向思维激励团队

有这么一个小故事：

有一个智者把三个不同胆量的人带到了山涧旁，对他们说："你们谁能跳过这个山涧，我就承认谁胆子大。"他的话音刚落，有个人跳了过去，得到了智者的赞美。其他两个人都不敢跳。这时智者拿出一块金子，说"谁能跳过去，这块金子就是谁的"，其中一个人跳了过去。第三个人还是不敢跳。这时此人后面出现了一头狮子，他发现如果不跳就没命了，一用力也跳了过去。

第三个人之所以跳过去，完全是因为害怕。这种害怕其实就是一种逆向激励。仔细想一想，员工平时努力工作的行为动机是什么呢？是证明自己很优秀，还是升职加薪，抑或是害怕失去工作？与此同时，你期望使用怎样的激励方法呢？是口头鼓励，还是奖金激励，抑或是高压手段？

很多管理者在谈及如何激励员工时都会想到表扬、奖金。其实，在有些情况下，运用逆向激励更有效。

杨先生经营着一家公司，生意一直做得非常好，而且员工福利也不错。2020年，受新冠肺炎疫情影响，生意大不如过去，为此，公

 逆向思维

司采取了降低利润的方式，以提高市场竞争力和生存能力。这样一来，公司最初制定的提成政策就很难实行下去了。

这时，杨先生的想法是：提成减半。但是又担心员工因此产生抵触情绪，影响接下来的工作状态。经过一段时间的琢磨，他想到了一个方法——逆向激励。而且用这个方法近乎完美地解决了问题。

他是怎么做的呢？

他召集部分中层管理人员，对他们说，现在很多公司都在裁员，如果公司的盈利状况继续下滑，将会裁减一些人员，具体裁哪些岗位的人，现在还没有确定。会后，公司人人自危，很多人都担心自己会被裁掉。毕竟现在找工作也不容易。所以，大家工作起来都很积极。

过了一段时间，杨先生正式通知大家："公司虽然亏损严重，但是为了感谢大家这么多年来的付出和努力，公司决定不裁员，希望大家能够同舟共济，一起渡过这个难关。"听到这个消息，员工都非常感动。

一周后，杨先生召集所有中层管理人员开会，宣布提成减半发放，毕竟大家工作生活都不容易，公司再难，也不能亏了员工。消息一传出，员工都非常兴奋，并且感谢老板体恤员工，表示会在今后的工作中更加努力，以回馈老板。

这个案例中，杨先生运用逆向思维，成功地激励了员工，并且降低了人力成本，从而让自己的公司在疫情期间保持应有的竞争力。

当然，在一家企业中，并不是所有员工都拥有很高的职业道德，有很强的上进心与责任感。相反，有不少人是习惯混日子的。他们做工作只追求"刚好完成目标"，缺少内在的驱动力，更有甚者，可能会给企业、客户制造一些麻烦。对于这样的员工，逆向激励比正向激励更有效果。

有一家大型企业为了改变管理人员作风，让全体员工为各个部门的管理人员打分，不是评"最高分"，而是评"最低分"。通过这样的逆向思维，企业不但约束了管理人员的一些非职业行为，还激发了他们的上进心。

这家企业将对管理人员正面评价改为从反面进行评价，这对一些不求上进的管理人员来说具有很强的刺激作用。通过反向评价，建立庸者下、平者让、能者上的竞争机制，让不能干、不想干、不敢干的人让位，如此一来，最大限度地激发了全员的潜力。

当然，运用逆向激励的初衷是好的，但是在执行过程中容易跑偏，进而落入逆向激励陷阱。经验表明，一旦落入逆向激励陷阱，不仅管理者的权威和信用会受损，还会进一步强化相关负面后果，最终造成恶性循环。所以，在进行逆向激励时，一定要注意方式方法。

第九章
"财富自由",不分市场只分头脑

在创富过程中,如果说方法、策略、技巧、工具、产品都可以复制,那么唯一不能复制的可能就是思维。如果不解决思维问题,那么赚钱一定很辛苦,而且很难赚到钱。从这个意义上说,我们不是在赚客户的钱,赚市场的钱,赚渠道的钱,而是在赚思维的钱,或者说是在靠认知赚钱。

 逆向思维

学会赚逆向思维的钱

有句话叫"思维一变,市场一片"。表面上看,我们都在赚市场的钱,其实是在赚思维的钱。正因如此,我们不可能赚到超出自己认知范围的钱。

我们赚不到钱的原因可能有上百种:没有本金,没有可靠的信息,不善于资源整合,胆量不足,等等。其实说到底,还是认知水平不够。没本金,可能是因为你不懂得融资技巧;没有可靠的信息,可能是你缺少对一些信息的分析与判断能力;没胆量,说白了还是思维不够完善。虽然有人确实是只认一条路,莽冲过去也能挣到钱,但如果后续不提高自己的认知水平,那么很有可能原地踏步,或者是走下坡路。

市场博弈中,有时相对于其他赚钱思维,逆向思维是比较保险的赚钱思维。能够认识到这一点的人往往能够在市场竞争中捕捉到先机。

例如,有一年大旱,导致某种水果的价格直线飙升,于是周围的人觉得有利可图。第二年,果农们争先改种这种水果,但是由于种的人太多,加之雨量充沛,获得了大丰收,结果这种水果的市场价格直线下降。许多果农亏得血本无归。于是,果农们不再看好这种水果的市场行情,改种其他水果。结果,市场需求作用又致使该水果价格上升。

由此可见,当大多数人都认为一件事可以轻易获得利益的时候,不要盲目跟风,而要反转思维,从另一个角度来看待问题。无数事实也证明,

当所有人都认为一件事有利可图时，那么它也就无利可图了，甚至可能会面临风险——能让太多人看到的赚钱机会那就不是机会，而是坑。

有一位农民，不管种什么，他的作物都能卖个好价钱。有人问他有什么诀窍，是如何判断下一年某种农作物供求状况的，他笑着说："我没什么文化，也不会作什么分析，我就是比别人晚种一些天，出去跑跑，看看周围村镇的人都种啥。种的量大的我就不种了，不管人们说前景多好也不种。我只种人们不种的。"

农民种地既要靠天吃饭，也要看市场，最害怕的是辛苦一年，最后要么没产量，要么滞销，价格一路走低，不赚钱不说，还要赔钱。但故事中的这位农民虽然没学历，不懂营销，却能避免这样的损失。就是因为他善于使用逆向思维：大家一窝蜂地种某种作物，最后价格肯定高不了。因为物以稀为贵，只有种得少的作物最后才有更大的叫价的自主权。但是很多农民的思维是：今年玉米赚钱就都种玉米，结果产量高了，价格下来了；第二年改种其他的，却发现玉米价格又高了。

所以，那些会用脑子赚钱的人很少会随大流，正如《穷查理宝典》一书中查理·芒格那句经典的话："如果我能够知道我将死在哪里，那么我将永远不去那个地方。"从而可以选择进行深入的逆向思考，以回避风险，收获别人看不到的财富。

比尔住在芝加哥，10多年前，他做梦都想不到，自己的邻居奥巴马会成为美国总统。当时，比尔异常兴奋：因为他和奥巴马是邻居，所以他的房子也会因此大幅升值。

 逆向思维

为了把房子卖个好价钱,他在网上卖力地推销豪宅。虽然前来了解的人很多,但是有购买意向的寥寥无几。

比尔百思不得其解,后来经过一番调查,才弄清楚人们不愿购买的原因:担心生活遭到严密监控,进出不方便,隐私得不到保护。奥巴马虽然与家人住进了白宫,但是他家附近的公共场所到处是摄像头。

比尔苦苦等了一年,房子还是没有卖出去。第二年的春天,有一位叫丹尼尔的人有意购买。好不容易有了一位买主,比尔做了最大的让步,最后以140万美元的价格成交,这"超低价"远低于比尔期望的300万美元。

丹尼尔是一家幼儿园的园长。他在取得了房产权后,将它改造成了一所幼儿园。因为它处于严密的监控之下,所以也就成了全美最安全的幼儿园。很多富人都愿意花高价钱把孩子送到这里接受教育。

随着幼儿园的声名大噪,经营一个月后,丹尼尔就轻松赚到了30万美元。

看到这里,你会不会觉得,逆向思维可以让你看到别人看不到的财富?其实,我们每天也都有机会触摸到类似的潜在的商业机会,只可惜因为我们缺少深入思考,所以无法突破常规思维。

正所谓"众见其利者,非利也。众见其害者,或害也"。做生意要想赚钱,一定要有逆向思维,不能选择跟风,特别是在遇到大家都认为的"机会"或是"障碍"时,要学会从反方向思考,以规避风险或锁定财富。

在他人的认知盲区赚钱

生意场上有一句话非常流行,即别人的常识可能是你的认知盲区。什么是认知盲区?认知盲区,指因惯性思维或固有认知本能地避开了一些思考问题的角度,因而对问题认识有误或是不全面。不管多么大的公司,多么厉害的技术,多么好的产品,多么优秀的个人,都存在一个"上限"。这个"上限"就是"认知盲区"。

对个人来说,即便在一个行业做久了,可以积累到丰富的经验、很广的人脉,也容易失去一样东西,即观察时代变化的能力。这是因为我们的认知容易固化,容易看不见自己的盲区,再就是环境变化太快、技术变化太快,固有的能力反倒会成为限制。

善于做生意的人其实大多也在赚大家认知盲区的钱。许多时候,这个认知盲区源于"信息差"。如果做大家都了解的项目,那么竞争压力相对较大,比如,摆个小摊,开个网店,搞个直播什么的,都可以做,但只能赚些小钱。想要赚大钱,可以去找人们的认知盲区,或者去找在多数人认知盲区中的项目。例如,你代理某种奇特的产品,它能很好地解决一部分人的睡眠问题,而他们又没有别的渠道购买,只能从你这里买。或者你能提供某种服务,正好是市场稀缺的。这样,你就可以用别人的思维盲区来赚钱。

比如,土豆是一种较常见的蔬菜,经销商给农民的收购价是几毛钱一

逆向思维

斤；市场售价一两元，餐馆把它做成麻辣土豆丝，一盘卖七八元；食品厂把它加工成薯片，一袋卖十几元。你知道土豆能够炒成土豆丝，这是你的常识；如果你也能炒一盘美味土豆丝，那么这是你的能力；如果你能把它做成一道多数人做不了的美味，还能靠它来赚钱，你就是在赚他人认知盲区的钱。

二战期间，有一位叫辛普洛特的美国农民靠卖土豆创造了几十亿美元的个人财富，他的做法超出了许多人的认知。

辛普洛特没有像别人那样直接把土豆卖给前线部队，而是先经过一番精选，然后去皮、去斑，将它们脱水后进行冷冻，最后出售，这样土豆更容易长期保存。

经过上述筛选、加工后，有近1/3的土豆会成为废料。为了变废为宝，他想到了前线的战马和牲畜。经过反复实验，最后他在这些废料中掺入了多种营养元素，从而研制出了一种优质的马饲料。

二战结束后，世界陷入能源危机，人们都认为他的生意会大不如前。但是，这位农民再次开动脑筋：能源危机的根源就是汽油，既然土豆无法变成汽油，那是不是可以用它们来酿造酒精？后来，他在用土豆酿制的酒精中加入一些燃料添加剂，这样，就研发出了一种优质的燃料替代品。这让他又狠狠地赚了一笔。

在酿制过程中，会产生一些残渣废料，他将这些废料又制作成了牛饲料——用它们来换养殖户的牛粪。他用换回来的大量牛粪作为几座沼气发电厂的原料……

别人眼中普通的土豆在他那里实现了价值最大化，可谓把其价值榨得连一点儿渣渣都不剩。

土豆能有如此大的价值，那么萝卜、苹果、葡萄呢？其实，只要能运用好信息差，找到大多数人的思维盲区，任何产品都有无限可能。

在这个信息时代，很多人就是运用信息差在其他人的思维盲区赚钱。这样的例子很多，比如：

如果是10年前，你能想象"直播读书可以赚钱"吗？

如果是20年前，你能想象靠直播、睡播、笑播也能年入百万吗？

如果是30年前，你能想象只凭一部手机就能把生意做到全国吗？

时代在变，我们的思维也要跟着变，因为你永远不可能用昨天的思维方式赚到今天的钱。不论做什么行业，只要有钱可赚，就必须重构自己的思维框架，并利用好一切可以利用的信息差。许多时候，我们之所以会"不相信"，是因为觉得"不可思议"，认为"不存在"，或是坚信"做不到"，其实最多的还是因为我们存在认知盲区。

在这样一个信息极度丰富的社会，其实你需要的所有知识、资源，基本都能在现实或是网络世界中找到。你不一定非要拥有它们，但是可以利用它们。只要你不自我设限，让自己的思维提升那么一个维度，你就可以摆脱残酷的市场竞争，在别人的认知盲区赚钱。

逆转思维，把缺点当卖点

传统思维中，做生意最怕别人说产品如何的次，服务如何的差，毕竟做生意靠的是口碑。但是，不论从哲学，还是从市场学、经济学的角度看，没有什么东西是绝对坏的，或是绝对好的。所以，"缺点"不一定就

 逆向思维

意味风险,也没有想象的那样可怕,只要思维跟得上,"缺点"也能变卖点,甚至它的背后还隐藏着消费者的期盼和巨大的商机。

有一家食品铺,中秋节前推出几款用新配方制作的月饼,但是销售情况不理想。原因是:包装不够精美,味道不够浓,保质期短。很多顾客放弃购买主要出于这三个方面的考虑。于是老板决定:"重新研发配方,并加大包装投入。"

这时,有位员工站出来,说:"老板,换配方不如换思路,所谓的缺点其实也是卖点啊。"

"怎么解释?"

"你看,外表不够精美,说明我们没有喷亮光剂,也没有在面粉中加入其他东西;味道不够浓,说明我们是用传统手工艺制作的,不添加任何香精,注重配料的原汁原味啊;保质期短,较易发霉,那说明我们没有使用任何防腐剂。所以,别看色香味差,这可是纯天然、纯绿色食品啊。"

老板恍然大悟,决定让销售人员转变销售思路,大力向顾客推销自己的"绿色"月饼,果然生意大火。

这个案例中,聪明的员工逆转思维,将"色香味差"这个缺点巧妙地转变成"纯天然、纯绿色"这个优点(卖点),从而实现月饼大卖。真可谓"思路一转,商机一片"。

实际经营中,不论对个人品牌宣传,还是对产品、服务的推荐,抑或是企业的业务推广,都存有这种将缺点转变为卖点的思维。其一,是因为掩盖终究不是长久之计,而且它还容易引起顾客的误解。其二,只有另辟

蹊径，不走寻常路，才能赢得更多的关注。

在实际操作中，要将缺点变为卖点，应遵循哪些思路呢？

1. 挖掘缺点背后的利益点

一种商品或服务，有优点就必然有缺点，二者是相对的，且可以相互转化。所以，在宣传的时候要学会将缺点转化为大家可以看到的某种特殊的"好处"。

例如，"甲壳虫"汽车就是一个典型。它是德国大众公司旗下的一个品牌，也是一款非常有特点的车型，20世纪60年代，刚进入美国市场时，虽然价格较低，质量不错，但销量很一般。人们为什么不看好这款车型呢？因为它有一个显著的特点，那就是车身短小。在当时，人们更倾向于购买车身较长，具有流线型设计的车。所以，甲壳虫这种风格在当时看来有些另类。

那么，为什么后来它会成为一款畅销的车型呢？

这是因为公司非常注意挖掘缺点背后的利益点——价格低，油耗低，费用低，等等。其广告语是这样写的："在你跻身于狭小的停车场时，在你仅支付一笔保险金时，在你支付修理账单时，或者是当你用旧车换新车时，一定要想一想小的好处。"果不其然，广告在各大媒体一经播出，该车型的销量开始直线上升，很快成为最受消费者青睐的汽车品牌之一。

2. 将缺陷转变为产品个性

有时候，产品的缺陷也能成为一种竞争力。思路很简单，就是将缺陷转变为对手不具备的产品个性，如此一来，缺陷也就显得具有一定的风格与独特性了。

有一款摩托车，车身较重，油耗高，噪声大，而且不容易操控，如果

逆向思维

出现故障，维修起来也很不方便。对摩托车爱好者来说，可以说它浑身都是"毛病"，但就是这样一款摩托车，经过一番巧妙的营销，反倒成了象征时尚、最抢手的车。它就是哈雷摩托车。

那么，究竟是什么让哈雷实现了华丽转身呢？靠包装——让它成为自由、狂野、放荡不羁的代名词，同时，让它与重金属文化融合在一起。这样一来，便满足了那些喜欢追求时尚与个性的人的驾驶心理，因此颇受年轻人的喜爱。

3. 甘愿以"千年老二"自居

在宣传或是营销时，针对存在的缺点可以有一说一，承认与对方的差距。这样做有一个好处，就是能让大家注意到你的产品或是服务，同时因为你的表述实事求是，也能因此赢得大家的尊重。这对提升产品或服务的知名度大有裨益。

一般来说，每个行业都有一个佼佼者，却可能有多个第二名。如果你不是行业第一名，却非要说自己是"老大"，非但没人信，还有损自身的形象。但是，即使你不是第二名，这时，你也可以玩个噱头，说"我们要做老二"。如果真是老二，那就说"我们是老二，还要向老大看齐"，这样，亦步亦趋地跟在"老大"后面，不脱离人们的视野，久而久之，人们也会像记住行业老大一样地记住老二，甚至会忘了老大。

所以，缺点并不可怕，可怕的是脑子不转弯。只要善于逆转思维，缺点就会变为痛点，痛点就会变为利益点；反之，优点也难变成卖点。

做生意就是要让顾客"占便宜"

下面的购物场景是不是很熟悉:

顾客:"老板,这件T恤卖多少钱呀?"

老板:"这是2021年新款,原价500元,打完折400元!"

顾客:"打完折还那么贵,再便宜点儿吧!"

老板:"优惠力度已经很大了,你看,这衣服的质量、款式都没得说,你可以试下嘛!"

顾客试了试,觉得不错,问:"300元卖不卖?"

老板:"你真会讲价,一看就是个会过日子的人。得了,给你拿一件吧。"

顾客:"呃……"

可以肯定的是,此时顾客的心里一定不是滋味:动动嘴就少100元,那是不是还能便宜?会不会又被店家给坑了?如果是150元呢?

明明老板已经让了不少,而且这件衣服质量确实不错,顾客为何还会纠结呢?因为他要的不是便宜,而是能满足"占便宜"的心理——便宜本身是没有标准的,也没有所谓的规定,他也当然不会拒绝。

许多老板经常不解:利润已经很薄了,为什么顾客还会觉得价格贵?

逆向思维

而且要和自己讲半天价,即使再让出一些利润,结果还是不买。原因很简单,顾客购物不只是为了满足实际需求,还要满足购买便宜物品的心理。

所以,聪明的店家会抓住顾客的这种购物心理,进行逆向操作,从而让顾客在"占便宜"的过程中使生意越做越火。

M女士开了一家美容院,经营了10多年,起初生意一直不错。两年前,因为附近拆迁,所以生意变得越来越差,顾客越来越少,仅靠之前办了会员卡的顾客支撑。她考虑过转行,但年过五十,又没有其他行业从业经验,最后还是决定把美容院开下去。她经过一段时间的琢磨,最后想出了一个起死回生的方法——免费!接下来,她开始让自己的这套新方案落地,结果,生意非常好。

她是怎么做的呢?关键有两招。一是免费为顾客敷一年的中药面膜,二是免费为顾客做美白护理。一片面膜的市场售价是30元左右。如果顾客两天来敷一片的话,一年的成本也不少,这样看来M女士无钱可赚。其实不然,美容院不仅提供美容护理服务,还有皮肤保健、水疗服务项目。仅面部就包括:头疗、耳疗、面护、眼护、清黑头、收缩毛孔、美白、提升、祛痘、文眉、漂唇、美瞳线等服务。而其中只有中药面膜和美白护理是终年免费的,并且有一个条件:要成为终身会员,或者是转介绍5位终身会员的顾客。新顾客可以免费使用2次中药面膜,享受5次美白护理服务。

起初,一些顾客都是冲着这两项免费服务来的,后来发现美容院的服务、技术水平都不错,便开始尝试其他项目。这样一来,会员客户越来越多,而且通过她们的转介绍,美容店的口碑也越来越好。

这个案例中，M女士抓住顾客占便宜的消费心理，以两项"免费"的服务项目为"诱饵"，吸引了大量新顾客，并把其中相当一部分人发展成忠实会员。可以说，她用逆向思维扭转了经营困局，让生意主动找上门来。

除此之外，还有以下三种让顾客主动"占便宜"的妙招：

1. 在价格方面设置扛价产品

先来看两组数字：

A组：12元、16元、18元、22元、26元、28元、34元。

B组：12元、16元、22元、48元、68元、108元、188元。

你觉得哪组价格更亲民？

多数人会觉得是B组，因为B组包含从12元到188元的产品，而且相互间的差价较大，会让人觉得便宜。而A组不同，产品之间的差价较小，因而不会让人觉得"便宜"。

在实际经营中，很多商家都会运用这一"原理"，在价格上设置扛价产品，从而让顾客觉得某种商品超乎寻常的便宜，觉得不买就是吃亏。

比如"加1元钱就可以换购一套瓷杯"，这里的扛价产品就是"一套瓷杯"，这让消费者非常心动，他们可能会想：单买这套瓷杯也需要20元。所以，不加1元换购的话他们反倒有种焦虑感。

2. 营造捡"便宜"的氛围

许多时候，"占便宜"是一种感觉，尤其是在某种氛围的衬托下，这种感觉会更强烈。比如，有一家杂货店，从店面装修到宣传标语，无不透露着一个信息：便宜。只要顾客一进店，就会觉得满眼都是便宜货，不挑几件都不愿走，所以店内人很多。这也更加营造出一种"抢便宜"的氛

逆向思维

围,所以生意一直不错。

这家店的东西果真便宜吗?未必。绝大多数商品还是有相当利润的。但是因为氛围好,进进出出的人多,所以无形中会给人一种心理暗示:这家东西真是"便宜"。所以,在捡"便宜"的同时,也会顺手买一些不便宜的货。毕竟,对于大部分人来说,信息是不对称的,他们不是对每种商品的市场价格都清楚。

3. 用各种券增加占便宜感

优惠券很常见,说到底,最终目的也是让顾客觉得有便宜可占!所以,当我们手里有一些商超或是大型购物网店的消费券、代金券、优惠券时,就想着赶快把它们用掉。

有一家面馆,他家的面一碗23元左右,与附近的店相比,价格算高的,而且从不打折,但是生意一直不错。不是该面馆做的面味道有多好,而是送的抵扣券太诱人。到店的顾客消费30元就可以得到一张10元的抵扣券。如果消费两次,除去抵扣券,实际要花50元。即使如此,也还是比其他店的价格高,但顾客因为这10元的抵扣券,反倒觉得这家店的优惠力度更大。特别是手里有这些抵扣券的人,为了用掉券,也会选择再次来店消费。

其实,是店家有意将自己的价格抬高,再通过发优惠券的办法把价格降下来,这样的做法不仅让消费者感受到了优惠,还可以吸引一些回头客。

购物时,消费者很多时候不是想买到一个多么便宜的商品,而是希望能够在现有的价格之上通过一种方式拿到他认为便宜的价格。也就是说,他们不会因为便宜而买单，只会因为"感到便宜"而买单！所以一定要改变传统的经营思维，特别是在如今的市场经济环境下，有些生意不能只靠增加单品的利润空间来盈利，而是要靠流量取胜，因为顾客的眼光越来越挑剔，市场价格越来越透明。想要突破现实空间的网络，实现精准引流，最直接、最简单、最有效的方式就是让顾客看到"便宜"，并且觉得能够占到"便宜"。

冷门生意往往也是暴利生成之处

如今，不论线下线上，只要想把生意做起来，就必须面对激烈的市场竞争，如果连生存的机会都没有，还谈什么赚钱呢？谈到赚钱，大多数人的头脑中都有一种爆品思维。也就是，只有自己的商品大卖、特卖才有钱可赚，即我们通常所谓的热门生意。

其实，在热门生意之外，还有一种冷门生意。如果说挤破头的热门生意你不敢做，那么，没有人做或是没有人想到的冷门生意你会去做吗？

有的人会说："冷门生意就是坑。""就现在的市场环境，谁还敢做冷门？""还怕生意不够冷吗？"

冷门还是热门，代表的是竞争程度或是需求程度，有需求就有竞争。需求少，竞争自然小，涉足的人也就少，这反倒是冷门生意的机会所在。而且，还有一点很重要，那就是因为冷门生意懂的人少，所以更容易形成信息差，即做冷门生意可以轻易实现内行赚外行的钱。

 逆向思维

　　D先生有一位朋友，叫陈冬。陈冬做过两年服装批发生意，也在义乌捣鼓过三年小商品，非但没赚到什么钱，还欠了一屁股债。后来，他干脆回老家了。

　　去年，朋友聚会时，D先生得到一个爆炸性的消息：陈冬居然在省会全款买了房，还开上了100多万元的奔驰车，他下意识地认为：陈冬这小子一定是走了歪道。要不然，这么点儿时间怎么可能赚那么多钱。

　　"快说，你是不是傍上富婆了？"

　　陈冬说："我就是个中介，和满大街跑的那种差不多。谁看得上我呀？"

　　后来证实，D先生的猜想是错的，那些钱都是陈冬通过正规渠道挣来的，用他的话说，就是"我只是做了别人看不到的生意"。

　　陈冬主要做某地车牌的代拍业务，这是一个冷门行业，也是一个新行业。说白了，就是帮没有时间的客户代拍车牌，客户只需要提供本人姓名、投标号、密码、联系方式、身份证号和标书有效期，就可以坐等结果了。

　　具体的操作流程是：客户在网上下单并支持费用；陈冬接单，客户递交相关资料；进行代拍操作；结果反馈。如果代拍成功，会得到客户支付的一笔代拍费用。如果不成功，不收取费用。有时，他会作出承诺：如不成功，要反向赔偿客户。也就是说，不但要退还客户的订金，还要按相关约定赔偿给客户一定数量的金钱。由于他的服务态度好，办事讲究诚信，客户对他的评价很高，找他下单的人非常多。

　　做这门生意，陈冬不需要投入太多成本，但只要成功一单，纯利就有几千元到上万元。一个月下来可以成交上百单，除去赔偿个别客户的费用，月收入可达三四十万元。

在D先生看来不起眼的代拍业务原来竟有这么高的利润,简直让他不敢相信。于是,他果断加入其中,想趁其还没有成为热门生意之前,先赚一桶金。

不论热门生意还是冷门生意,都有赚钱的,也有赔钱的,关键是做生意的思维。做冷门生意要有不同于做热门生意的思维。具体到上述案例,很多人认为"代拍"就是中介,都满大街了,其中的代拍车牌只不过是换了一个行业。这是做热门生意的思维,即认为这行业竞争激烈,市场已经饱和。其实不然,它可以算是一个冷门。类似的例子有很多,如上门厨师等。

要做好冷门生意,不但要脑勤,还要懂得转弯儿,否则,真的就没有生意可做。具体来说,在做冷门生意时,要具备如下四种冷门思维:

一是举一反三,能从常人容易忽略掉的事物中发现机会;

二是剑走偏锋,避开大流与饱和市场;

三是走小众路线,体现自己的特色;

四是互联互通,把握热门生意与冷门生意之间的转换逻辑。

可以说,在当今的互联网时代,不管你愿不愿意相信,世界上都有人在用你想不到的方法,在你琢磨不到的领域,赚得盆满钵满。更不用说,很多偏门的领域本身就是暴利的所在。

 逆向思维

人与人的差别不在财富，而在思维

人与人之间差别最大的往往不是财富，而是头脑。即使许多时候有些人也很聪明，甚至有别人不可比拟的专业技能、学历，而一旦思维模式出现问题，也会影响他步入财富的殿堂。也许，他会质问："别人凭什么有钱？"然后给出一堆所谓的答案：关系、背景、运气好……这些可能确实是客观存在的，但我们也不能否认这些因素的作用，所以归根结底，创富还是要靠思维。

有两个理工男，同一所学校毕业，同一时间进入同一家公司，做同样的工作——软件测试。3年后，A工资翻倍，其目标是：再攒几年钱，买车买房。B却想着跳槽，理由是：这工作简单、乏味，没有挑战性，一天就是找Bug。5年后，A成了公司资深测试员，B在另一家公司做系统分析员。10年后，A在想：还能继续做几年测试员？公司都是20岁出头的年轻人，有的竟然叫自己"大叔"。这时，B在自己做项目，他问A："过来帮我个忙，顺便培训一下新人。工资给你翻倍，如何？"A欣然前往。

B一个项目下来，赚100多万元。A一个月工资3万元，眼看着高昂的房价迟迟降不下来，他的买房计划只能一推再推。

其实，A与B一样优秀，他们有着相同的起点，但是因为思维不同，

职业规划不同，10年后，他们进入了不同的人生赛道。所以，不成功者与成功者的差距原本并不大，只是因为双方的思维不同，甚至是对立的，即使双方付出了相同的努力，也会有不同的结果。

一般来说，成功者与不成功者创富思维主要有这么几种：

1. 创新思维 VS 模仿思维

不可否认，在生意场上，复制别人的成功模式是创富的一种捷径，但是它无法让你实现自我超越。例如，任正非、雷军等的企业非常成功，很多人整天都在研究他们的成功模式，甚至是照搬照抄，效果有没有？有一点，但不那么明显，且不说水土服不服，至少这种做法就遏制了自己的创造力，是一种不动脑子的行为。更何况，靠模仿别人来超越别人是很难的。因为模式可以复制，方法可以复制，但是思维是无法复制的。

在成功者的词典中，最醒目的字眼就是"创新"，内涵最丰富的词语也是"创新"。拥有创新思维的人，必然是生活的强者和财富的享有者。他们不仅注重产品的创新、服务的创新，更注重思路的创新，特别是在遇到困惑时不一味地照搬别人的经验，或是按老规矩、旧习惯去办，而是会开动脑筋，看能否从另一个角度入手，能否换一种思路和思维，能否改变一下已有的做法。

2. 成长思维 VS 暴富思维

在创富的过程中，成功者非常注重成长，或者说，在许多时候，与急着赚钱相比，他们则更倾向于全面提升自己。而不成功者则相反，越是能力不及越想着赚快钱，越想着一夜暴富。

有人曾问巴菲特："你的赚钱之道如此简单，就是长期持有高价值投资，为什么很多人都做不到呢？"巴菲特意味深长地说："由于没有人愿意慢慢变富！"

 逆向思维

一个人越想快速赚钱往往越赚不到钱，还可能赔钱。你要先有赚到钱的能力，才有赚钱的"资格"。许多时候，不成功者连这种"资格"都没有，就急匆匆地赤膊上阵了，结果可想而知，只能做别人的"韭菜"。

成功者赚钱一定会掌握节奏，而且会采取灵活多变的策略，逐步打造自己的阵地，提升自己的价值，在这个过程中，赚钱这件事似乎就显得不那么重要了。结果呢，钱就慢慢来了。

不成功者做不到这一点，他们说要赚钱，一定是今天投进去一块钱，明天我要看到一块钱的利润。因为追求快，以致思维跟不上形势的变化。不成功者炒股就是例子。由于受短期利益诱惑，不成功者脑子里面永远想的是：跟上庄家，赚几个点就撤出来，一个月的烟酒钱就有啦。于是，整天盯着大盘看K线，到处打探消息，追涨杀跌，频繁交易。结果呢？割肉吧，舍不得；等反弹吧，却被套得更深。最后能做的只有骂庄家。

3. 帮衬思维 VS 拆台思维

成功者做事普遍有一个特点，就是习惯成就别人，在相互帮衬的过程中，他们会觅得商机，并建立起个人的口碑。这与他们的思维习惯有关，他们看问题会从正的、反的、侧面的等各个方向看。而不成功者似乎相反，他们的思维较狭隘，习惯站在自己利益"得失"的角度看问题，故经常拆别人的台，甚至容易产生嫉妒心理。

例如，你卖一件衣服给穷人朋友，即使价格再低，他还是会想"你从我身上到底赚走多少钱"，而不会想"他帮我省了多少钱"。所以，一些人宁愿花更高的价格，付出更多的时间成本，去买别人的衣服，即使被骗，也不会买熟人的。这就是不成功者的思维。

与不成功者相比，成功者更愿意照顾熟人的生意，愿意相互关照。很多企业家早期创业时都是靠别人的捧场做大做强的，这对他们做事的思维

方式有着重要影响。

4. 差异化思维 VS 同质化思维

生意场上，如果你的思维与大多数人的一样，那么你只会得到和大多数人一样的结果。而成功者只是少数。也就是说，成功者的有些思维是与大多数人不同的。这即是思维的差异化。

现在，你可以问自己一个简单的问题：你和别人有什么不同之处？据说做营销的人大多都不能很好地回答这个问题。

有一位销售员，他主要推销安全玻璃，业绩一直名列前茅。一次，有位新员工问他："你有什么销售秘诀吗？"

他说："秘诀谈不上，我从不运用什么推销话术，只做一件事，就是让客户看到、听到、体验到，然后让他们自己下订单。"

"这么酷，说来听听。"

于是，他从一个皮包中拿出一叠整整齐齐的、被截成10厘米左右的安全玻璃，说："在面见客户时，我会拿出这些样品，然后让客户从中挑一块，用锤子猛砸。客户会说：'天啊，这么砸都不碎！'然后就直接下订单了。"

后来，这个方法被推广到全公司，所有销售员都会带着锤子和玻璃样品去谈客户。但几个月后，那个销售员的业绩依然是全公司第一名。很多人不解："我们可都是按照你的方法去做的啊。"

他笑着说："你们只晓得让客户看你砸玻璃，却不知道，我拿出安全玻璃样品后，会把锤子递给客户。"

这位业务员在销售过程中运用的是差异化思维。相对而言，其他业务

 逆向思维

员运用的是同质化思维。前者比后者的思考多了一个维度，结果就是步步领先。所以，不论卖什么、做什么，只有运用差异化思维，才能找到别人不具备的优势。

创富过程中，一个人的思维认知是非常重要的，它可以决定一个人能够创造的财富的上限。许多时候，穷人要想逆袭，必须先具备逆转思维，要像成功者一样思考——因为成功者惯用逆向思维，而不成功者习惯于惯性思维。

参考文献

［美］汉弗莱·B.尼尔：《逆向思维投资艺术》，康民译，山西人民出版社2018年版。

［英］艾米·布兰：《高效大脑工作法：如何拥有超越常人的优异表现》，翁玮译，人民邮电出版社2020年版。

［美］彼得·霍林斯：《思维模型》，池明华译，中国青年出版社2020年版。

［美］詹姆斯·卡斯：《有限与无限的游戏》，马小悟译，电子工业出版社2019年版。

［美］莫琳·希凯：《深度思考》，孙悦才译，江苏凤凰文艺出版社2018年版。

［美］乔治·梅奥：《霍桑实验》，项文辉译，立信会计出版社2017年版。

［德］汉诺·贝克：《逆向投资心理学》，张利华译，中国经济出版社2020年版。

［美］丹尼尔·卡尼曼：《思考，快与慢》，胡晓姣等译，中信出版社2012年版。

［英］理查德·泰普勒：《多维度思考》，傅婧瑛译，人民邮电出版社2020年版。

[美]弗朗斯·约翰松:《思维不设限》,刘昭远译,东方出版社 2020 年版。

张羽:《底层逻辑(半秒钟看透问题本质)》,中国友谊出版社 2019 年版。

周乐:《思维风暴》,辽海出版社 2019 年版。